Dieses Anatomie-Malbuch Gehört Zu:

_____

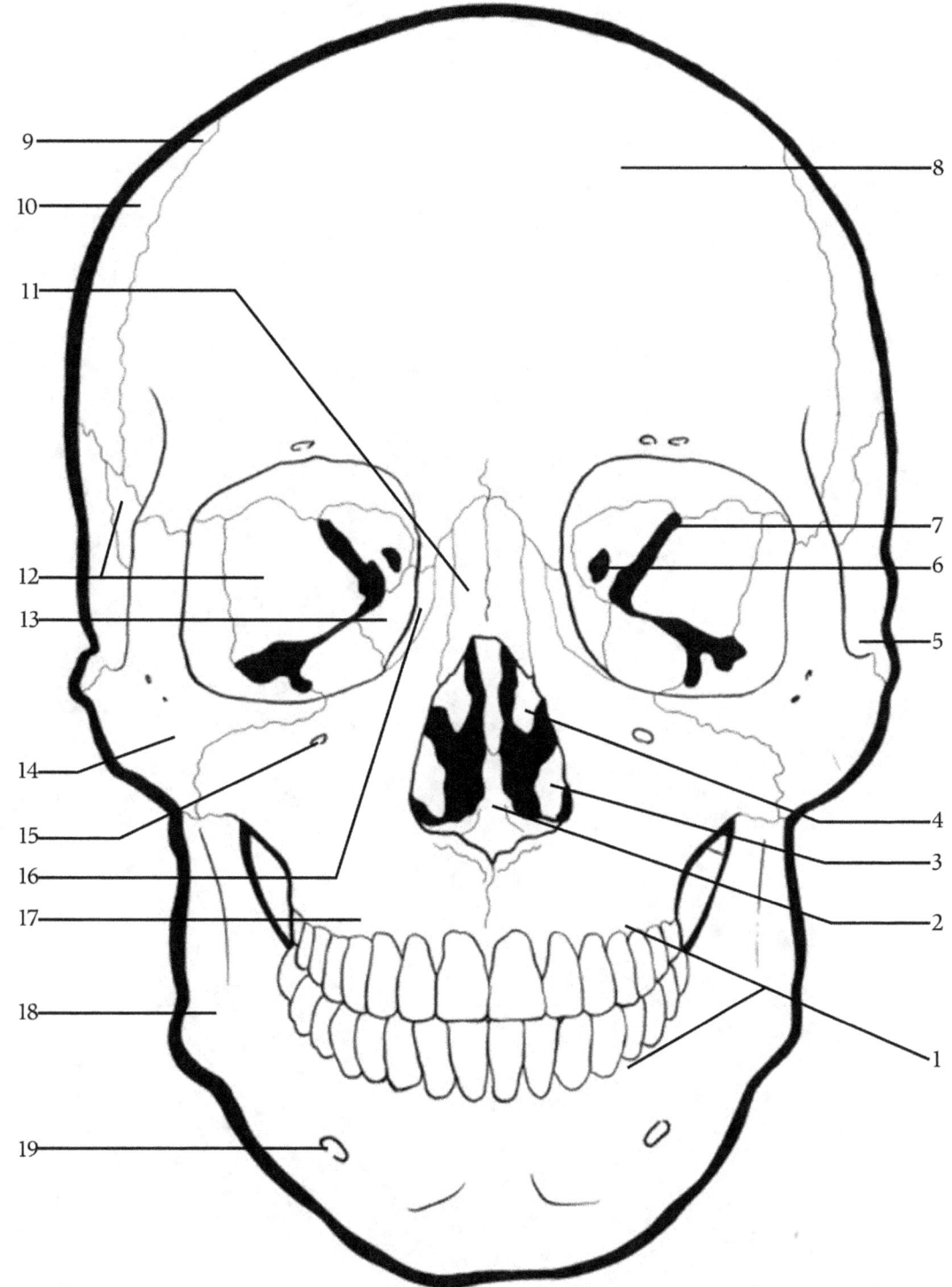

Vorderansicht des Menschlichen Schädels

1. Alveolarprozesse
2. Vomer
3. Minderwertige Nasenmuschel
4. Mittlere Nasenmuschel des Siebbeinknochens
5. Schläfenbein
6. Optischer Kanal
7. Überlegene Augenhöhlenfissur
8. Stirnbein
9. Koronale Naht
10. Scheitelbein
11. Nasenknochen
12. Keilbein
13. Ethmoidknochen
14. Zygomatischer Knochen
15. Foramen infraorbitalis
16. Tränenknochen
17. Oberkiefer
18. Unterkiefer
19. Mentales Foramen

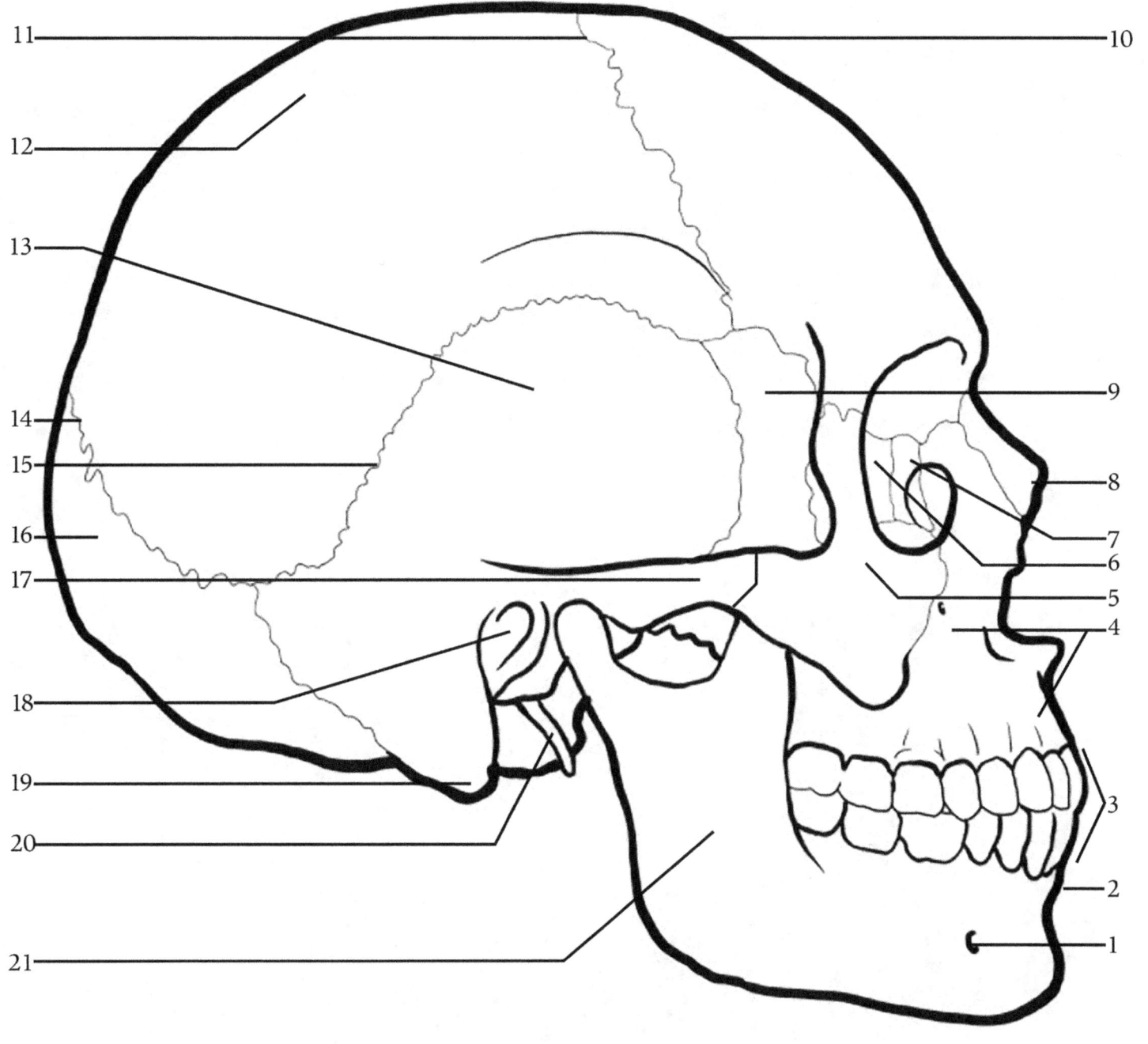

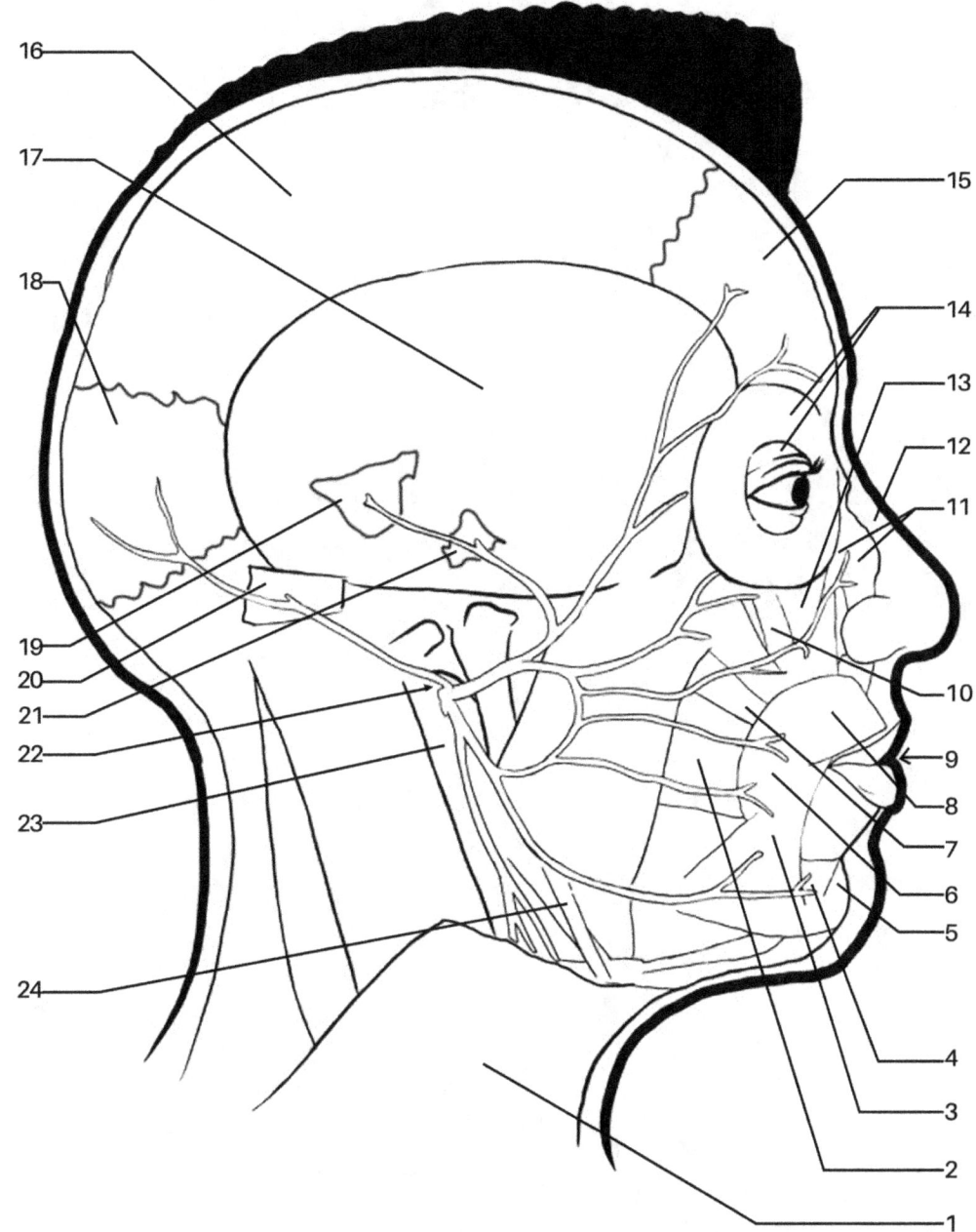

Gesichtsmuskel (Seitenansicht)

1. Platysma (Schnitt)
2. Buccinator
3. Depressor anguli oris
4. Depressor labii inferioris
5. Mentalis (Schnitt)
6. Risorius (Schnitt)
7. Zygomaticus major
8. Orbicularis oris
9. Mundspalt
10. Zygomaticus minor
11. Levator labii superioris alaeque nasi
12. Nasalis
10. Zygomaticus minor
11. Levator labii superioris alaeque nasi
12. Nasalis
13. Levator labii superioris
14. Orbicularis oculi (Orbital- und Palpebralteile)
15. Frontaler Bauch von Occipitofrontalis
16. Epikranielle Aponeurose
17. Temporale Faszie
18. Occipitalbauch von Occipitofrontalis
19. Überlegen
20. Posterior
21. Anterior
22. Foramen stylomastoideus
23. Hinterbauch von Digastric
24. Stylohyoid

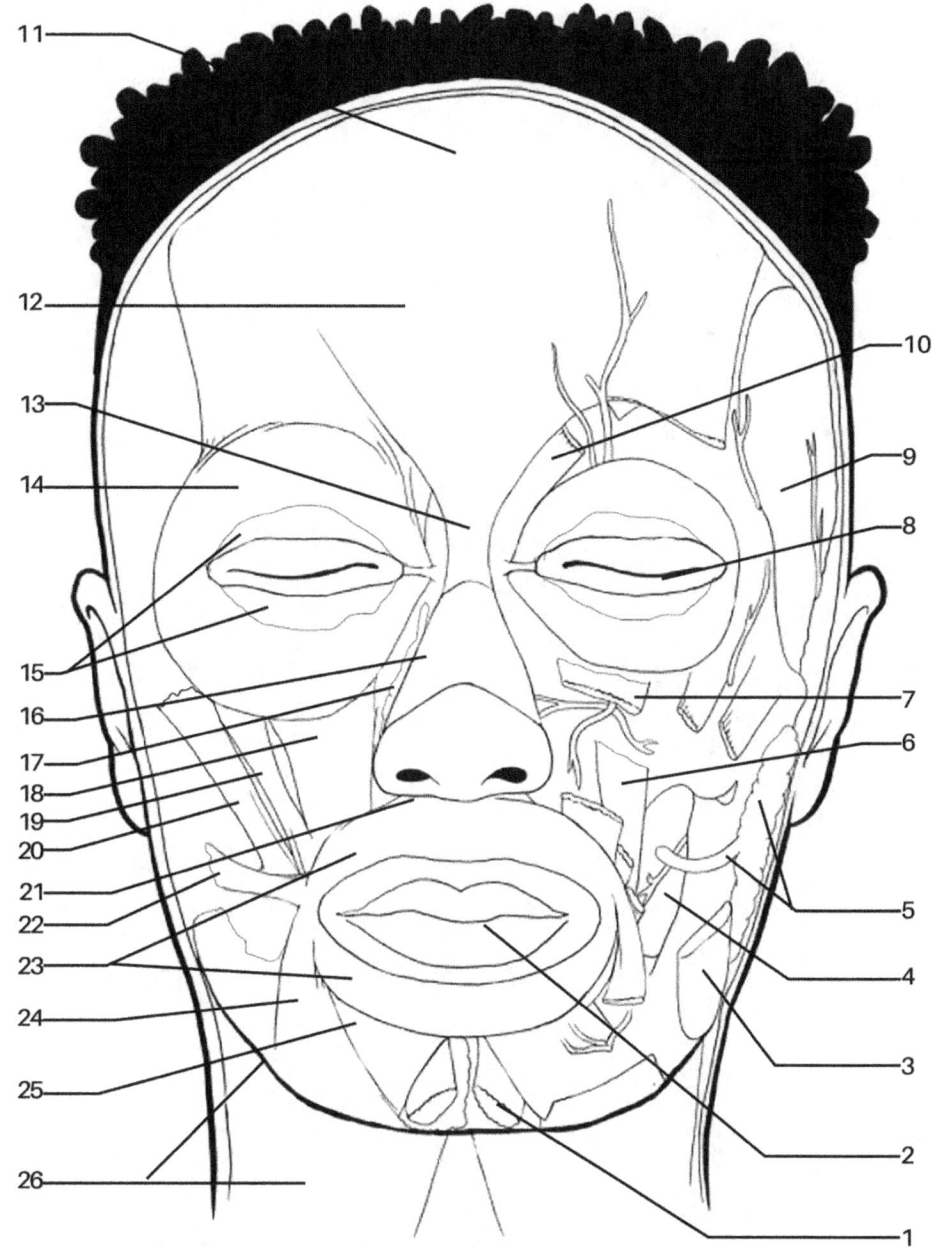

Gesichtsmuskel - Vorderansicht

1. Mentalis (Schnitt)
2. Mundspalt
3. Masseter
4. Buccinator
5. Ductus parotis und Drüse
6. Levator anguli oris
7. Levator labii superioris (Schnitt)
8. Palpebralfissur
9. Temporale Faszie
10. Corrugator supercilii (geschnitten)
11. Epikranielle Aponeurose (Galea Aponeurotica)
12. Occipitofrontalis Muskel, Frontalbauch
13. Procerus
14. Orbitalteil
15. Palpebralteil
16. Nasalis
17. Levator labii superioris alaeque nasi
18. Levator labii superioris
19. Zygomaticus minor
20. Zygomaticus major
21. Depressor septi nasi
22. Risorius
23. Orbicularis oris
24. Depressor anguli oris
25. Depressor labii inferioris
26. Platysma

Atlas (Überlegene Ansicht)

Achse (Überlegene Ansicht)

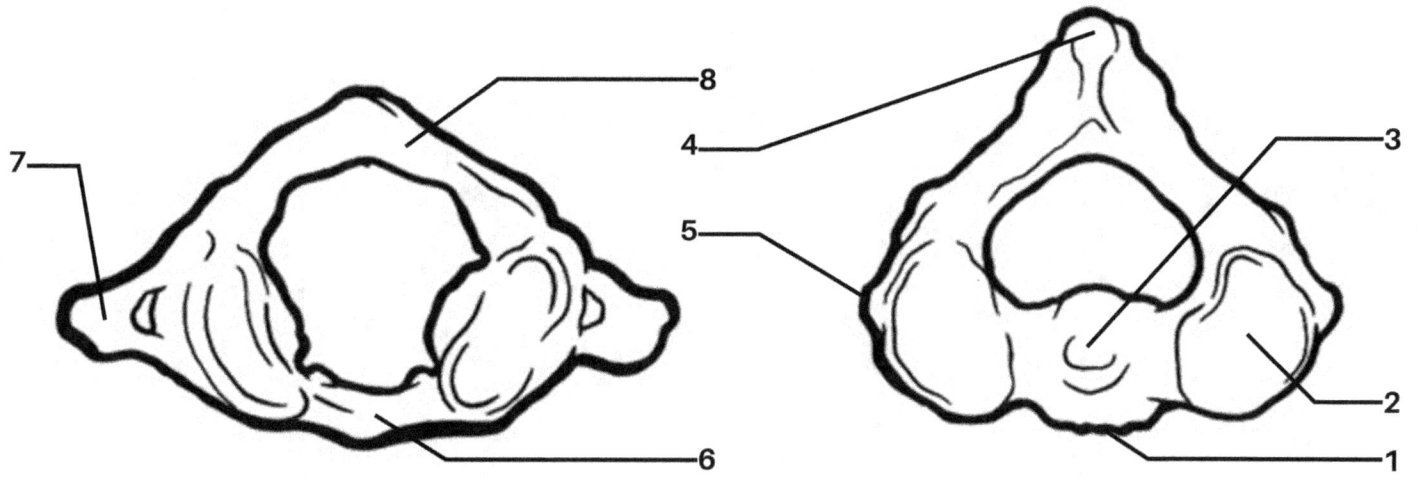

Atlas und Achse

1. Körper
2. Facette des oberen Gelenkfortsatzes
3. Dens
4. Dornfortsatz
5. Querprozess
6. Vorderer Bogen
7. Querprozess
8. Hinterer Bogen

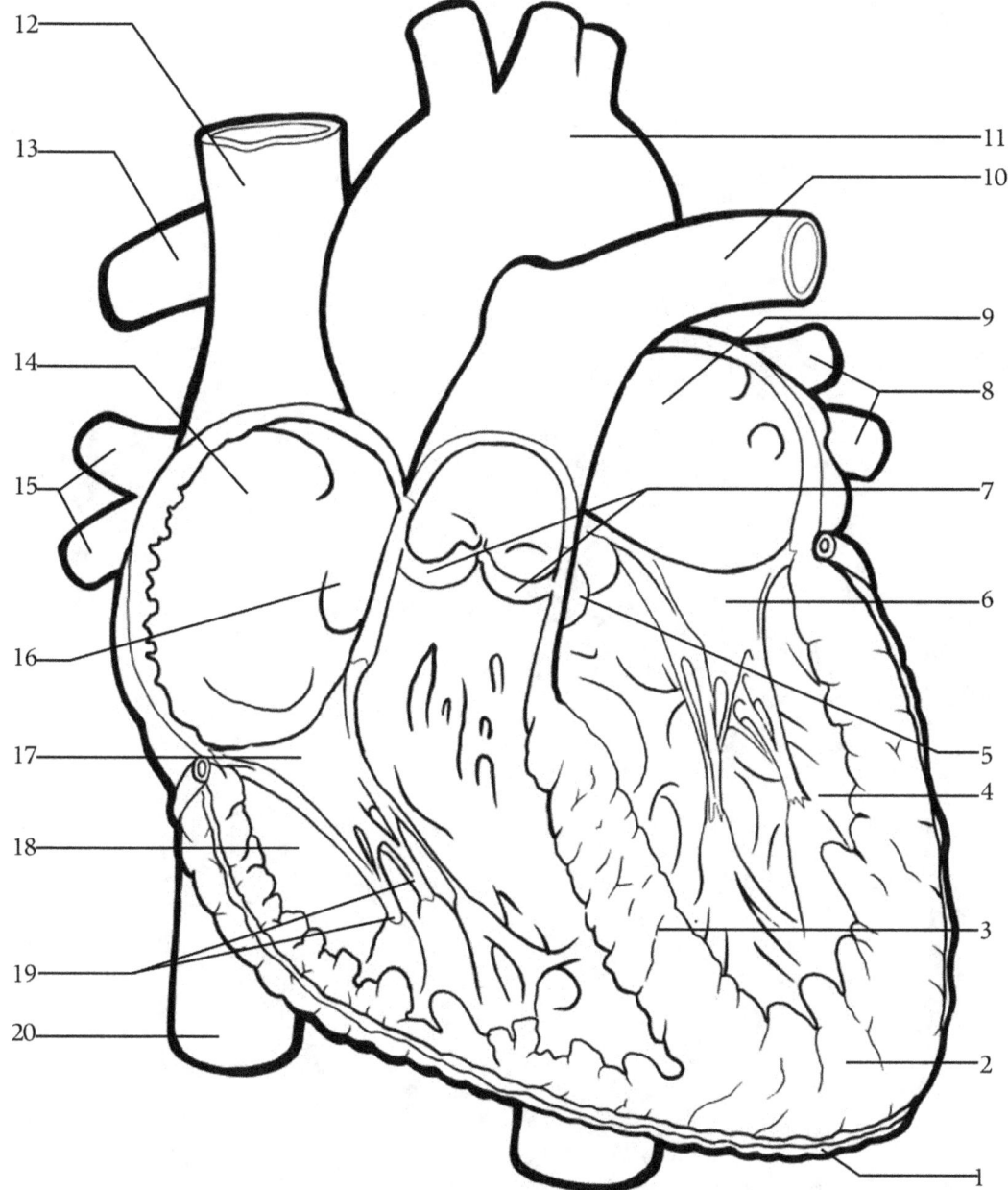

Frontalansicht des Herzens, das Innenraum zeigt Kammern und Ventile

1. Viszerales Perikard
2. Myokard
3. Interventrikuläres Septum
4. Linker Ventrikel
5. Aortensemilunarklappe
6. Linke atrioventrikuläre Klappe (Bicuspidalklappe)
7. Lungenhalbmondklappe
8. Linke Lungenvenen
9. Linkes Atrium
10. Linke Lungenarterie
11. Aorta
12. Überlegene Hohlvene
13. Rechte Lungenarterie
14. Rechtes Atrium
15. Rechte Lungenvenen
16. Fossa ovalis
17. Rechte atrioventrikuläre Klappe (Trikuspidalklappe)
18. Rechter Ventrikel
19. Chordae tendineae
20. Minderwertige Hohlvene

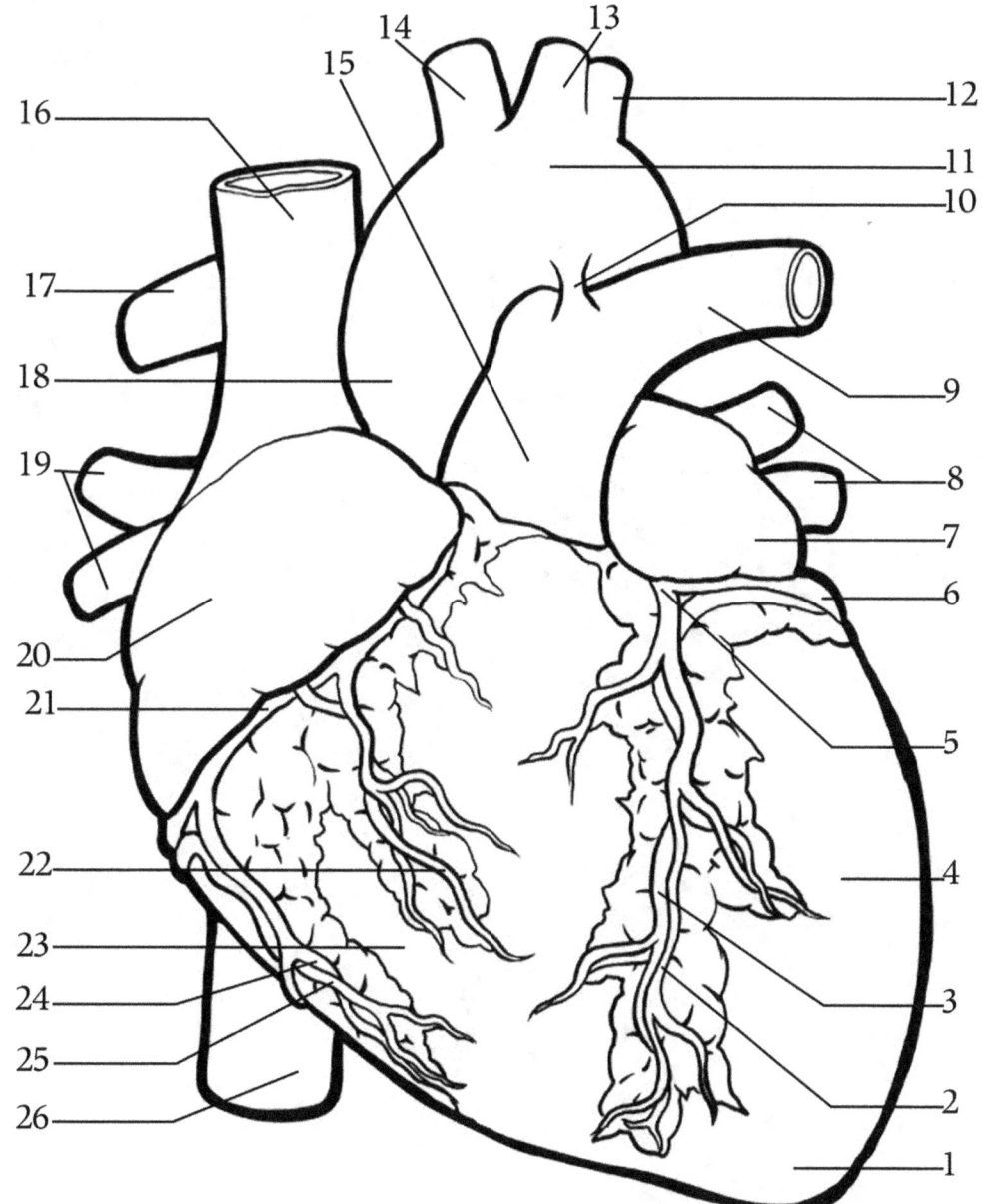

Vorderansicht des Herzens darstellend Hauptschiffe

1. Apex
2. Arteria interventricularis anterior (im Sulcus interventricularis anterior)
3. Große Herzvene
4. Linker Ventrikel
5. Linke Koronararterie in der Koronararterie Sulcus (linke atrioventrikuläre Rille)
6. Zirkumflexarterie
7. Linkes Atrium
8. Linke Lungenvenen
9. Linke Lungenarterie
10. Arterielles Band
11. Aortenbogen
12. Linke Arteria subclavia
13. Linke Halsschlagader
14. Brachiozephaler Stamm
15. Lungenstamm
16. Überlegene Hohlvene
17. Rechte Lungenarterie
18. Aufsteigende Aorta
19. Rechte Lungenvenen
20. Rechtes Atrium
21. Rechte Koronararterie im Koronarsulcus (rechte atrioventrikuläre Rille)
22. Vordere Herzvene
23. Rechter Ventrikel
24. Randarterie
25. Kleine Herzvene
26. Minderwertige Hohlvene

Überlegen Aussicht

Recht Seitenansicht

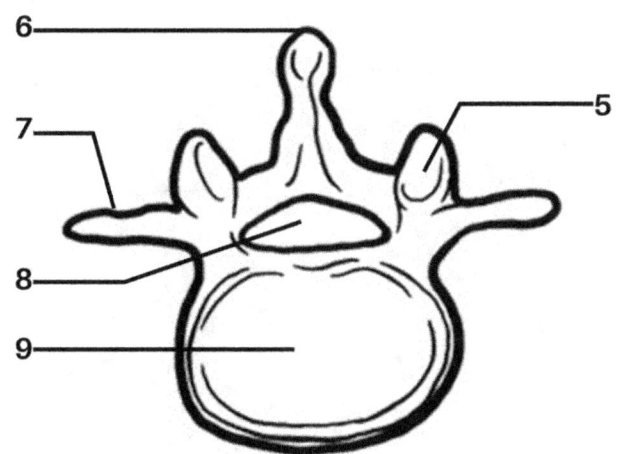
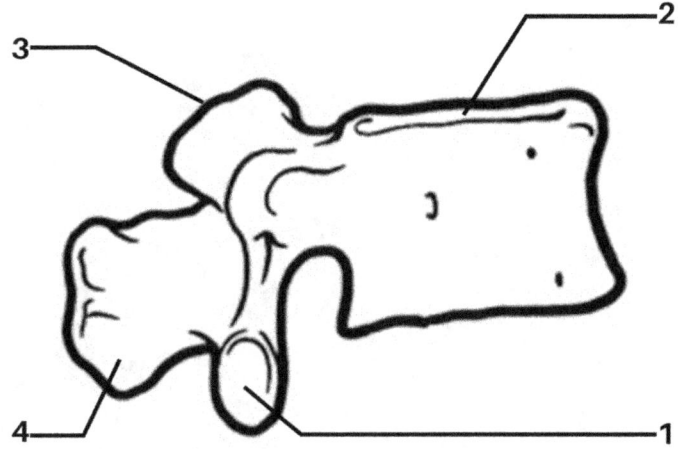

Lendenwirbel

1. Facette des unteren Gelenkfortsatzes
2. Körper
3. Überlegener Gelenkfortsatz
4. Dornfortsatz
5. Facette des oberen Gelenkfortsatzes
6. Dornfortsatz
7. Querprozess
8. Foramen vertebrale
9. Körper

Überlegen Aussicht

Recht Seitenansicht

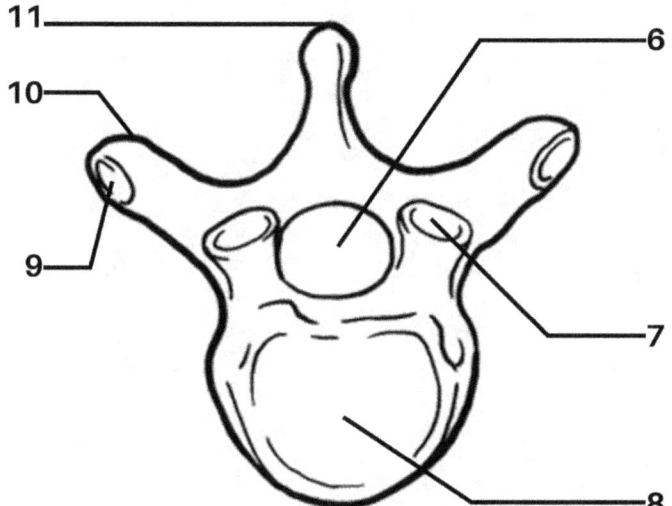
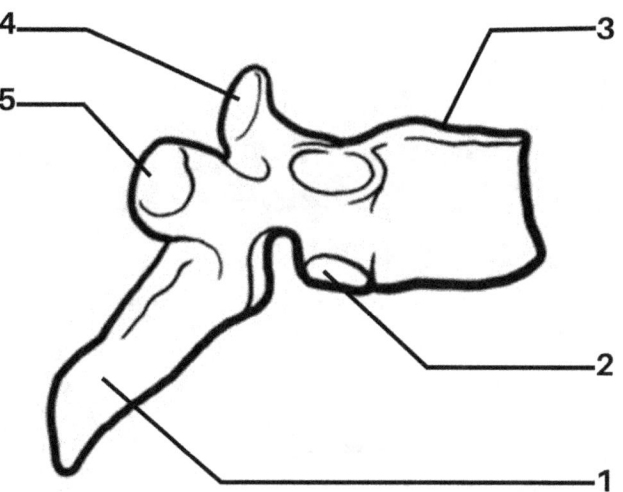

Brustwirbel

1. Dornfortsatz
2. Kostenfacette für Rippe
3. Körper
4. Facette des oberen Gelenkfortsatzes
5. Facette des Querprozesses
6. Foramen vertebrale
7. Facette auf überlegen Gelenkfortsatz
8. Körper
9. Facette für Rippe
10. Querprozess
11. Dornfortsatz

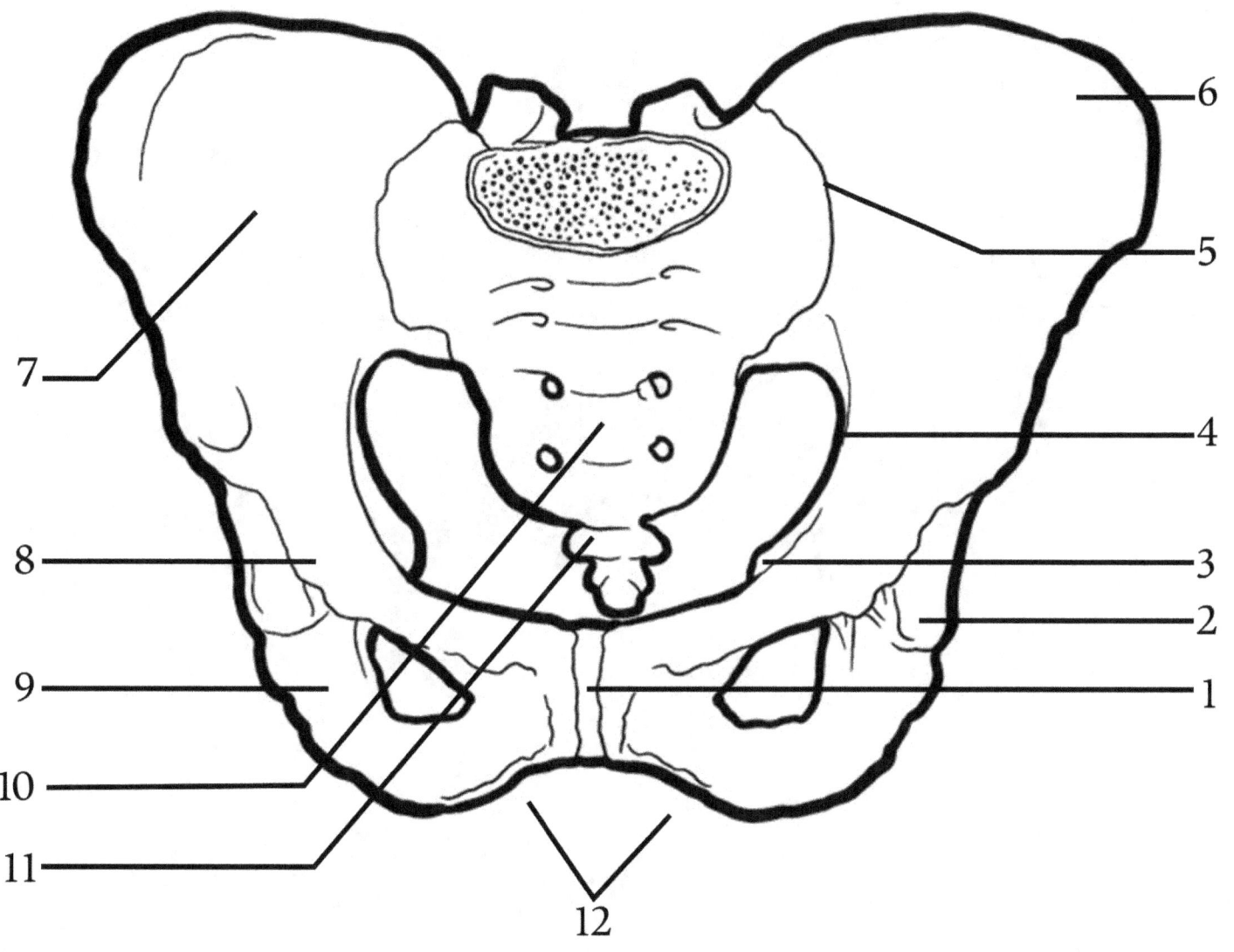

Das knöcherne Becken - Gelenkbecken

1. Schambehaarung
2. Acetabulum
3. Ischiaswirbelsäule
4. Beckenkrempe
5. Iliosakralgelenk
6. Beckenkamm
7. Ilium
8. Pubis
9. Ischium
10. Sacrum
11. Steißbein
12. Schambogen

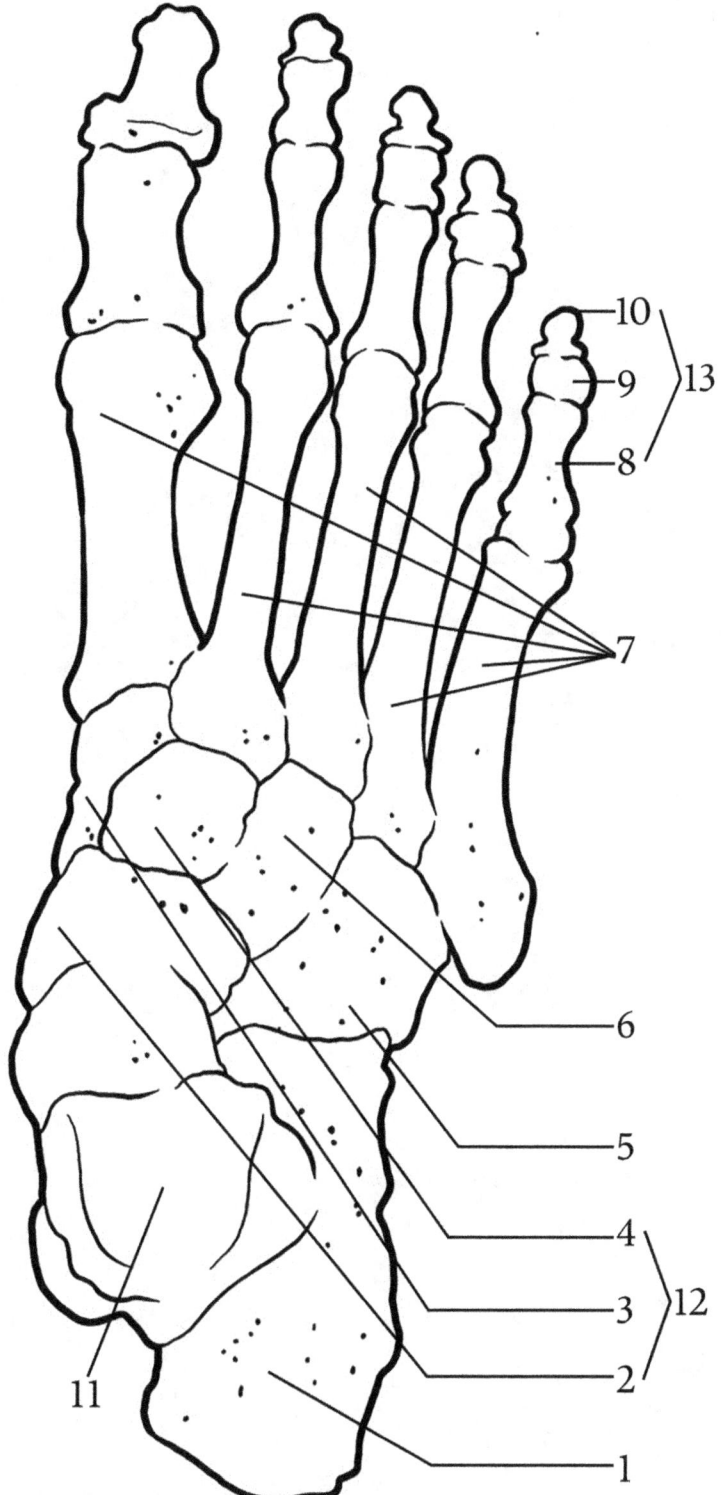

Knochen des rechten Fußes (Superior View)

1. Calcaneus
2. Navicular
3. Mediale Keilschrift
4. Zwischen Keilschrift
5. Quader
6. Seitliche Keilschrift
7. Mittelfußknochen
8. Proximal
9. Mitte
10. Distal
11. Talus
12. Fußwurzeln
13. Phalangen

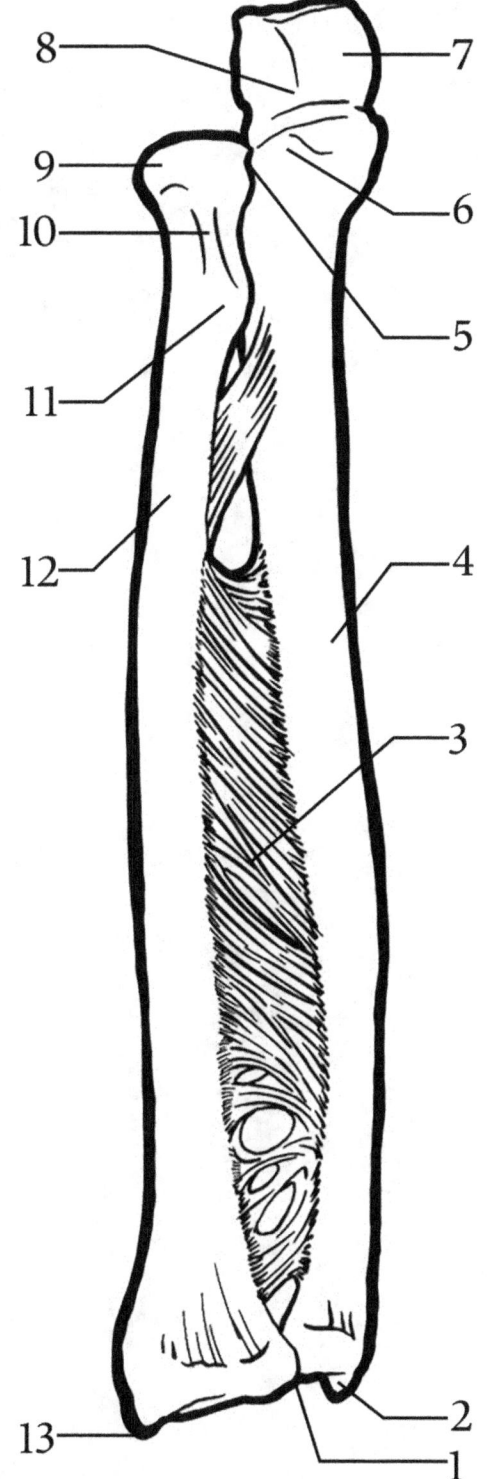

Knochen des Unterarms - Vorderansicht

1. Distales Radioulnargelenk
2. Ulnarer Styloid-Prozess
3. Interossäre Membran
4. Ulna
5. Proximales Radioulnargelenk
6. Coronoid-Prozess
7. Olecranon
8. Trochlea-Kerbe
9. Kopf
10. Hals
11. Radiale Tuberositas
12. Radius
13. Radialer Styloid-Prozess

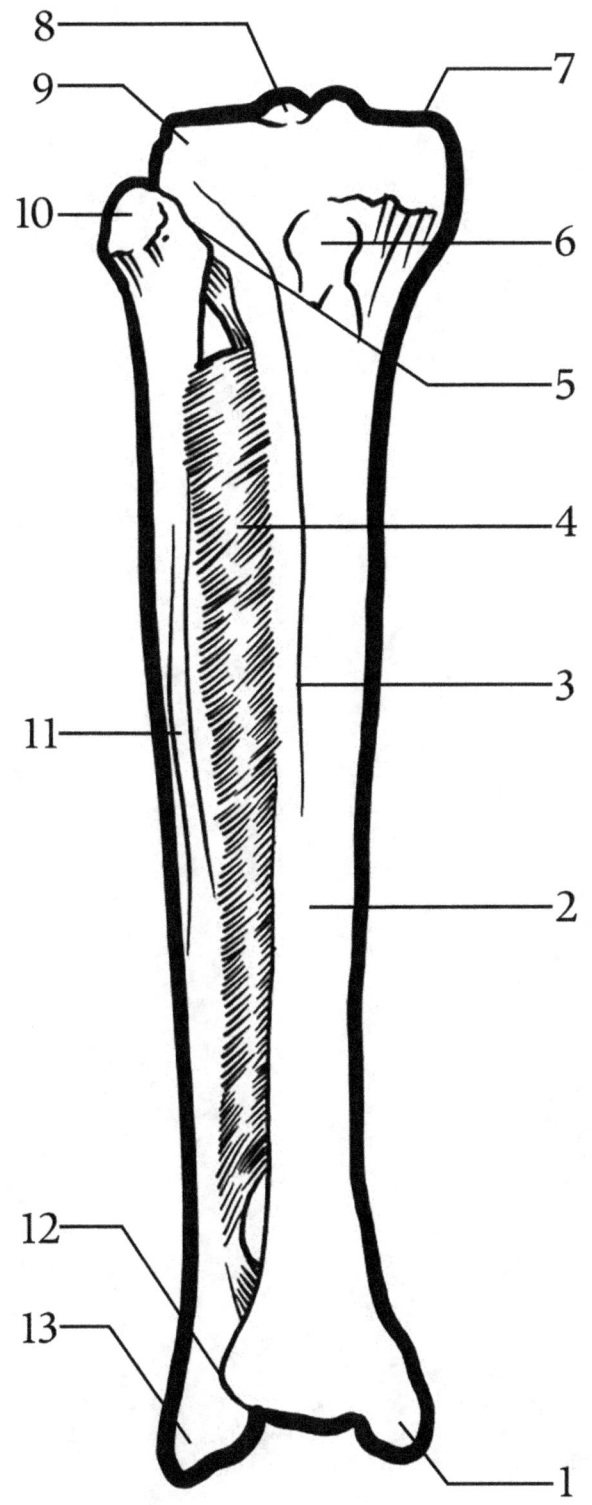

Knochen des rechten Beins

1. Malleolus medialis
2. Tibia
3. Vorderer Rand
4. Interossäre Membran
5. Proximales Tibiofibulargelenk
6. Tibiatuberosität
7. Medialer Kondylus
8. Interkondyläre Eminenz
9. Seitlicher Kondylus
10. Kopf
11. Fibula
12. Distales Tibiofibulargelenk
13. Malleolus lateralis

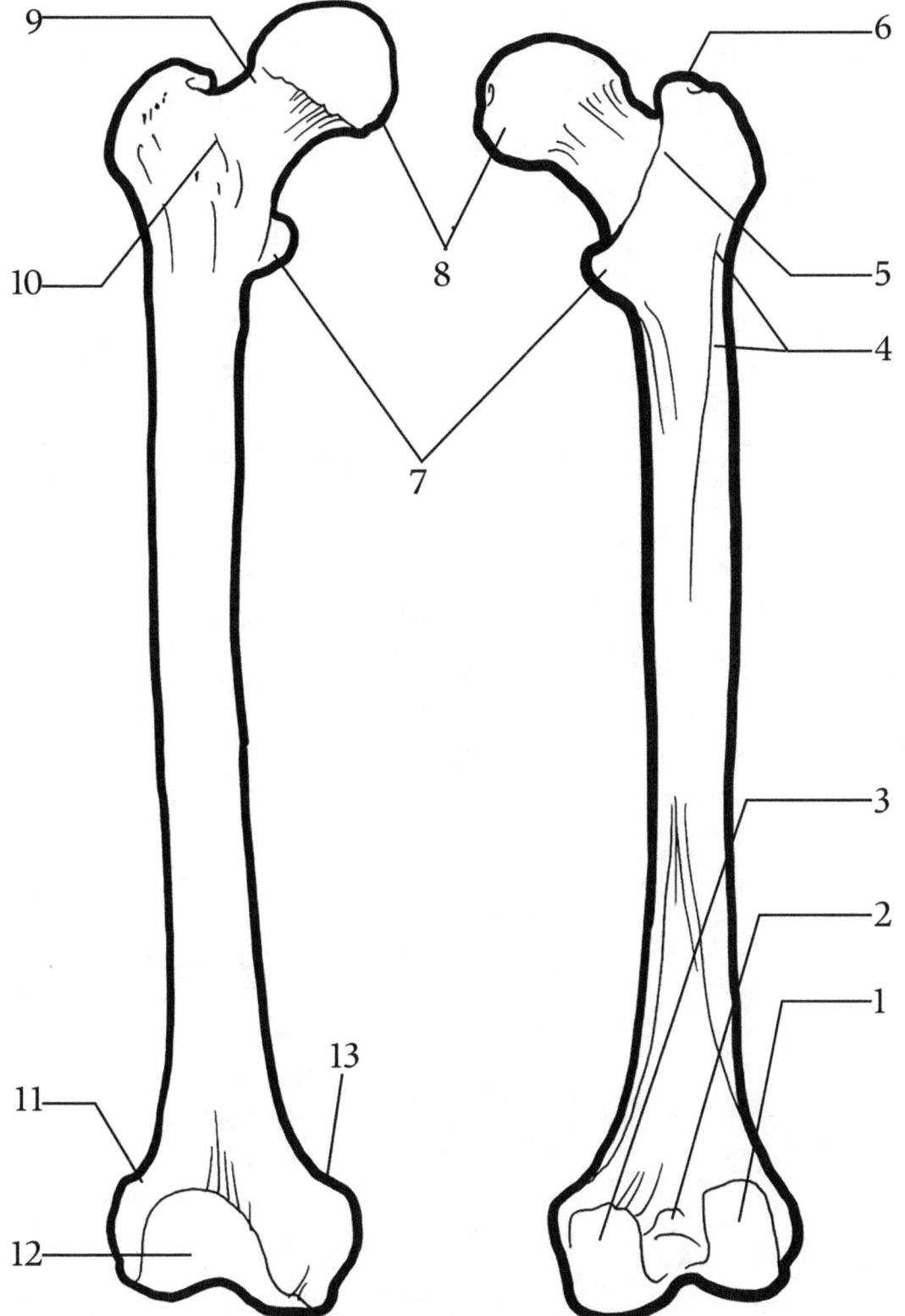

Knochen des rechten Oberschenkels

1. Seitlicher Kondylus
2. Interkondyläre Fossa
3. Medialer Kondylus
4. Gesäßtuberosität
5. Intertrochantärer Kamm
6. Großer Trochanter
7. Kleiner Trochanter
8. Kopf
9. Chirurgischer Hals
10. Intertrochantäre Linie
11. Seitlicher Epikondylus
12. Patellaroberfläche

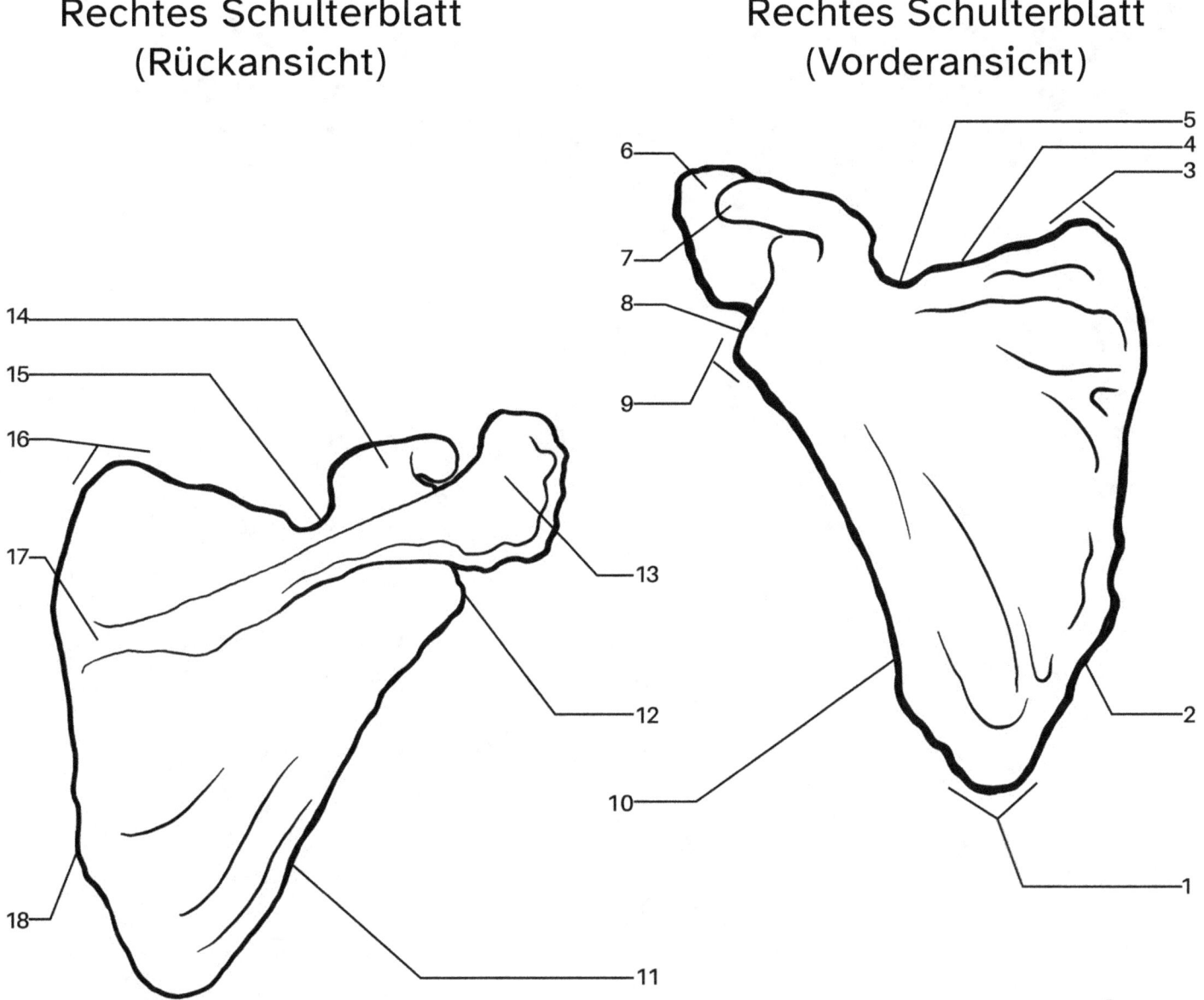

Rechtes Schulterblatt (Rückansicht)

Rechtes Schulterblatt (Vorderansicht)

Knochen der Schulter

1. Unterer Winkel
2. Mediale (Wirbel-) Grenze
3. Überlegener Winkel
4. Obere Grenze
5. Suprascapular Kerbe
6. Acromion
7. Coracoid-Prozess
8. Glenoidhöhle
9. Seitenwinkel
10. Seitlicher (axillärer) Rand
11. Seitenrand
12. Glenoidhöhle im seitlichen Winkel
13. Acromion
14. Coracoid-Prozess
15. Suprascapular Kerbe
16. Überlegener Winkel
17. Wirbelsäule
18. Mediale Grenze

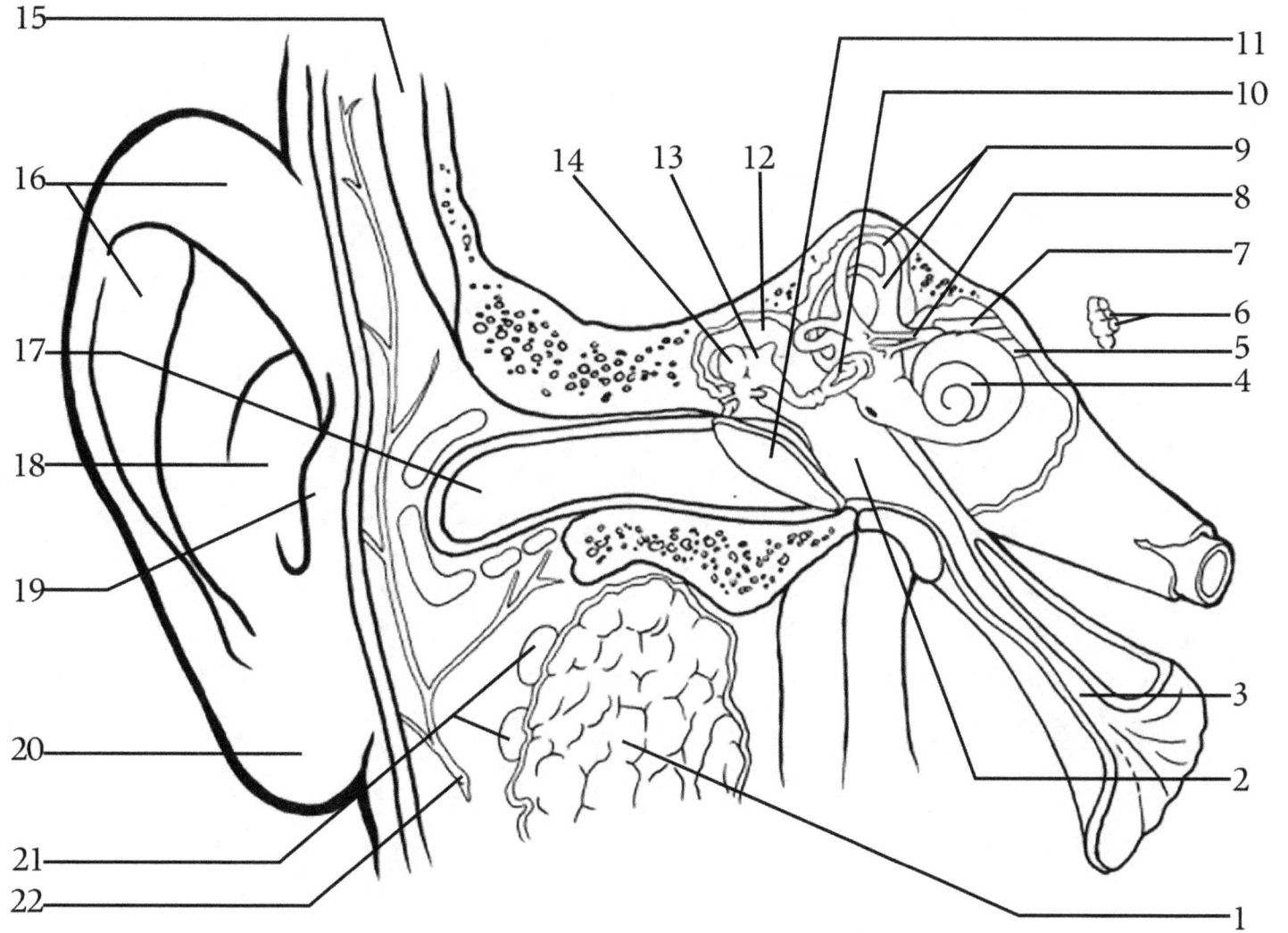

Koronale Abschnitte des Ohrs

1. Parotis
2. Trommelfellhöhle
3. Pharyngotympanic Tube
4. Cochlea
5. Cochlea-Nerv
6. Nervus vestibulocochlearis (CN VIII)
7. Gesichtsnerv (CN VII)
8. Nervus vestibularis
9. Halbkreisförmige Kanäle
10. Stapes
11. Trommelfell
12. Epitympanic Aussparung
13. Incus
14. Malleus
15. Temporalis
16. Ohrmuschel
17. Externer akustischer Gehörgang
18. Öffnung von außen akustischer Gehörgang
19. Tragus
20. Lobule
21. Überlegene Parotis-Lymphknoten
22. Nervus auriculotemporalis

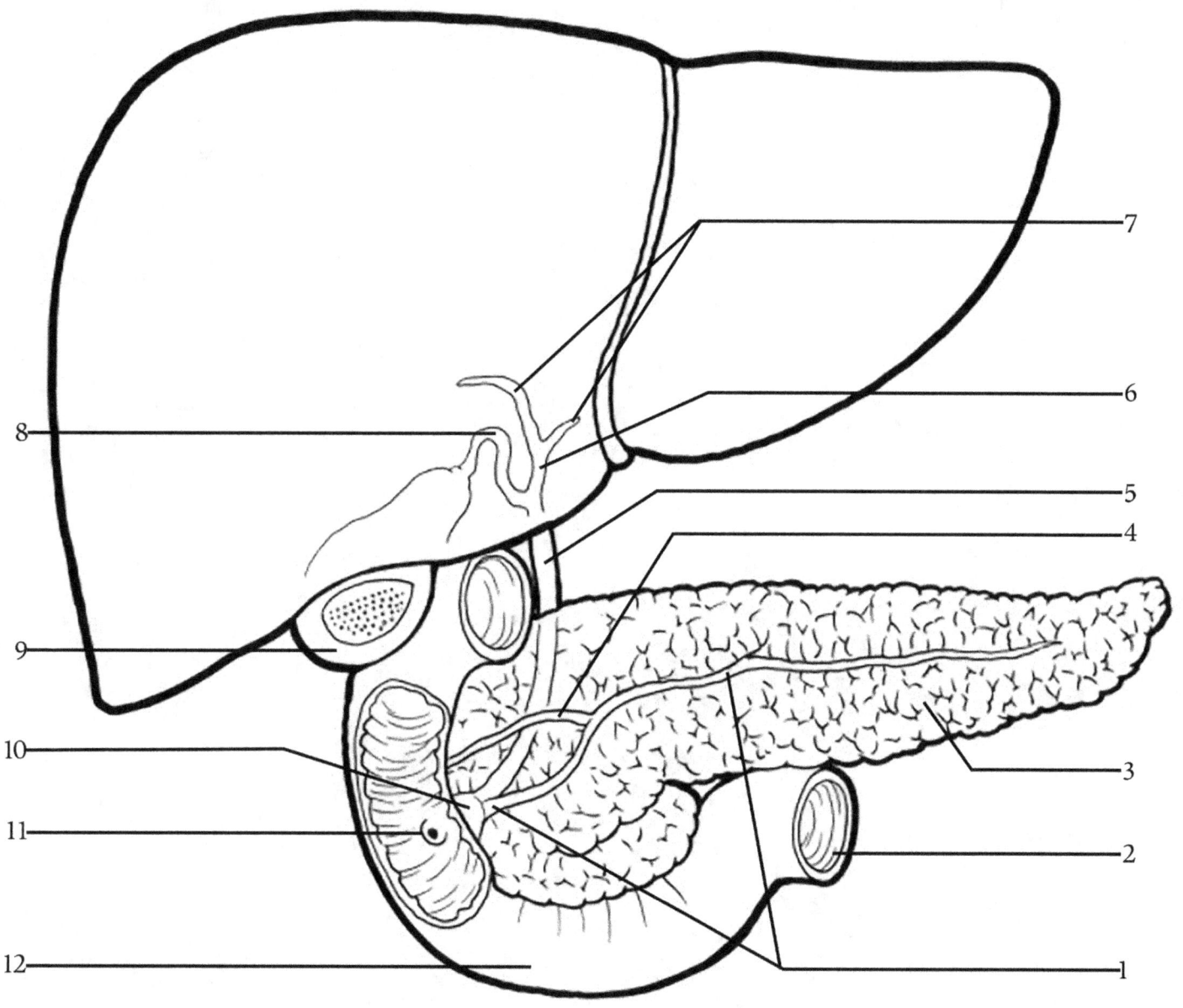

Zwölffingerdarm des Dünndarms zeigt essentielle Organe

1. Hauptpankreasgang und Schließmuskel
2. Jejunum
3. Bauchspeicheldrüse
4. Zusätzlicher Pankreasgang
5. Gallengang und Schließmuskel (Bild)
6. Gemeinsamer Lebergang
7. Rechter und linker Lebergang aus der Leber
8. Kristallgang
9. Gallenblase
10. Hepatopankreasampulle und Schließmuskel
11. Zwölffingerdarmpapille
12. Zwölffingerdarm

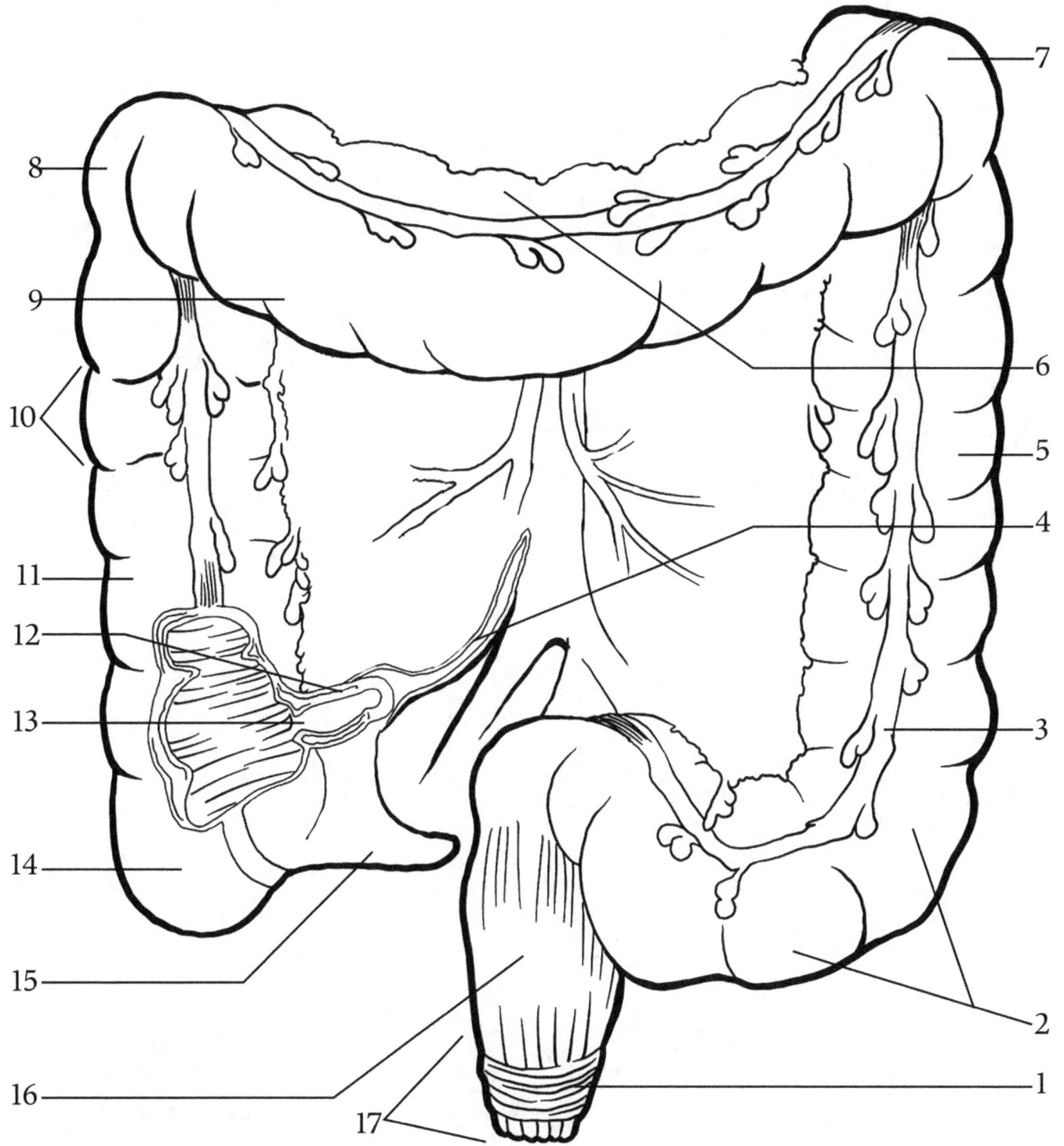

Dickdarm

1. Externe Analsphicte
2. Sigma
3. Teniae coli
4. Schneiden Sie die Kante des Mesenteriums
5. Absteigender Doppelpunkt
6. Transversales Mesokolon
7. Linke Kolikflexur (Milzflexur)
8. Biegung der rechtenKolik (Leber)
9. Querkolon
10. Haustraum
11. Aufsteigender Doppelpunkt
12. Ileum (geschnitten)
13. Ileocecal-Ventil
14. Cecum
15. Anhang
16. Rektum
17. Analkanal

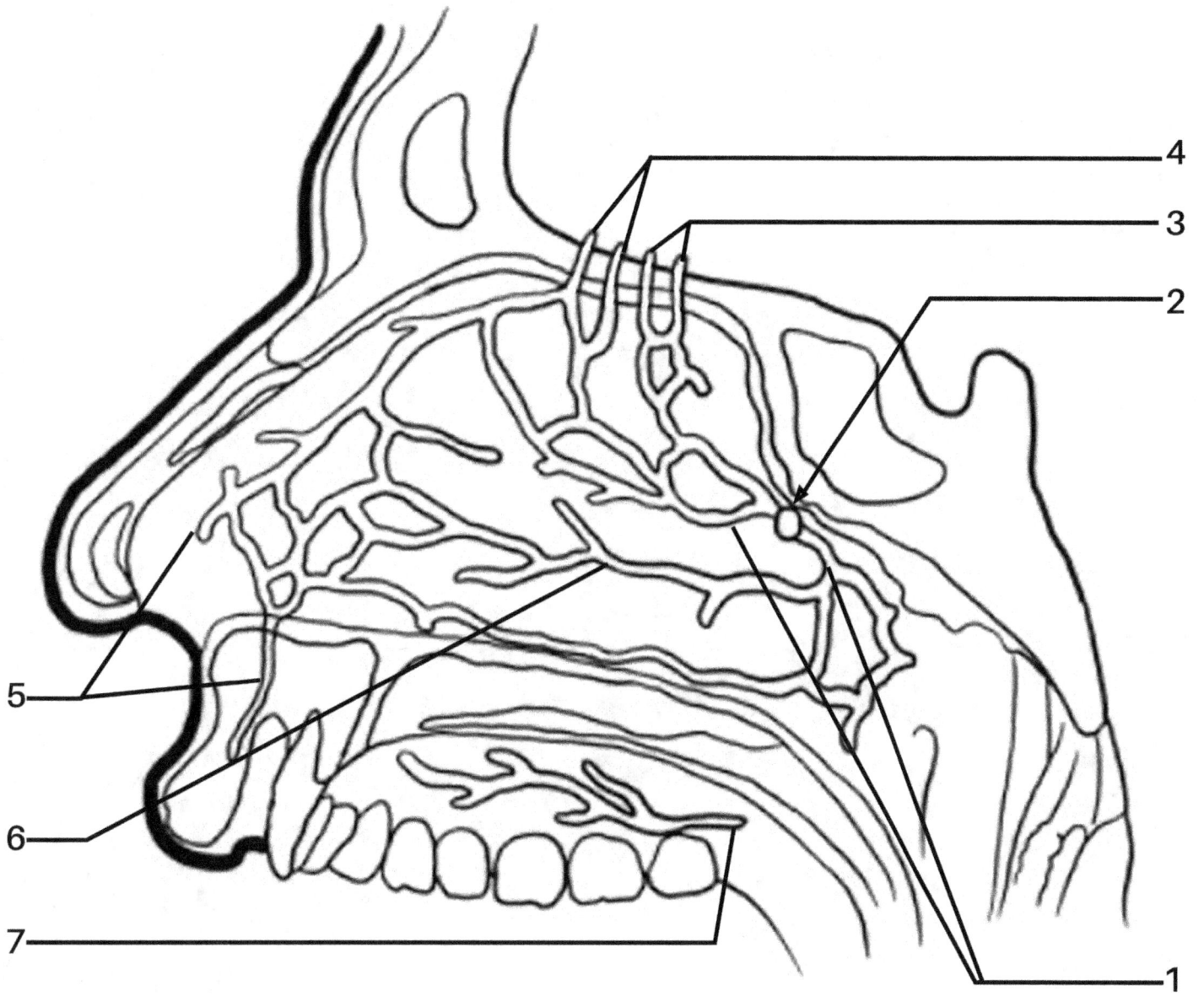

Seitenwand der Nasenhöhle (mediale Ansicht)

1. Zweige der Arteria sphenopalatina
2. Arteria sphenopalatina, die das Foramen sphenopalatina quert
3. Hintere Ethmoidalarterien
4. Anteriore Ethmoidalarterien
5. Seitliche nasale Äste der Arteria facialis
6. Posteriore nasale Seitenäste
7. Arteria palatinae major

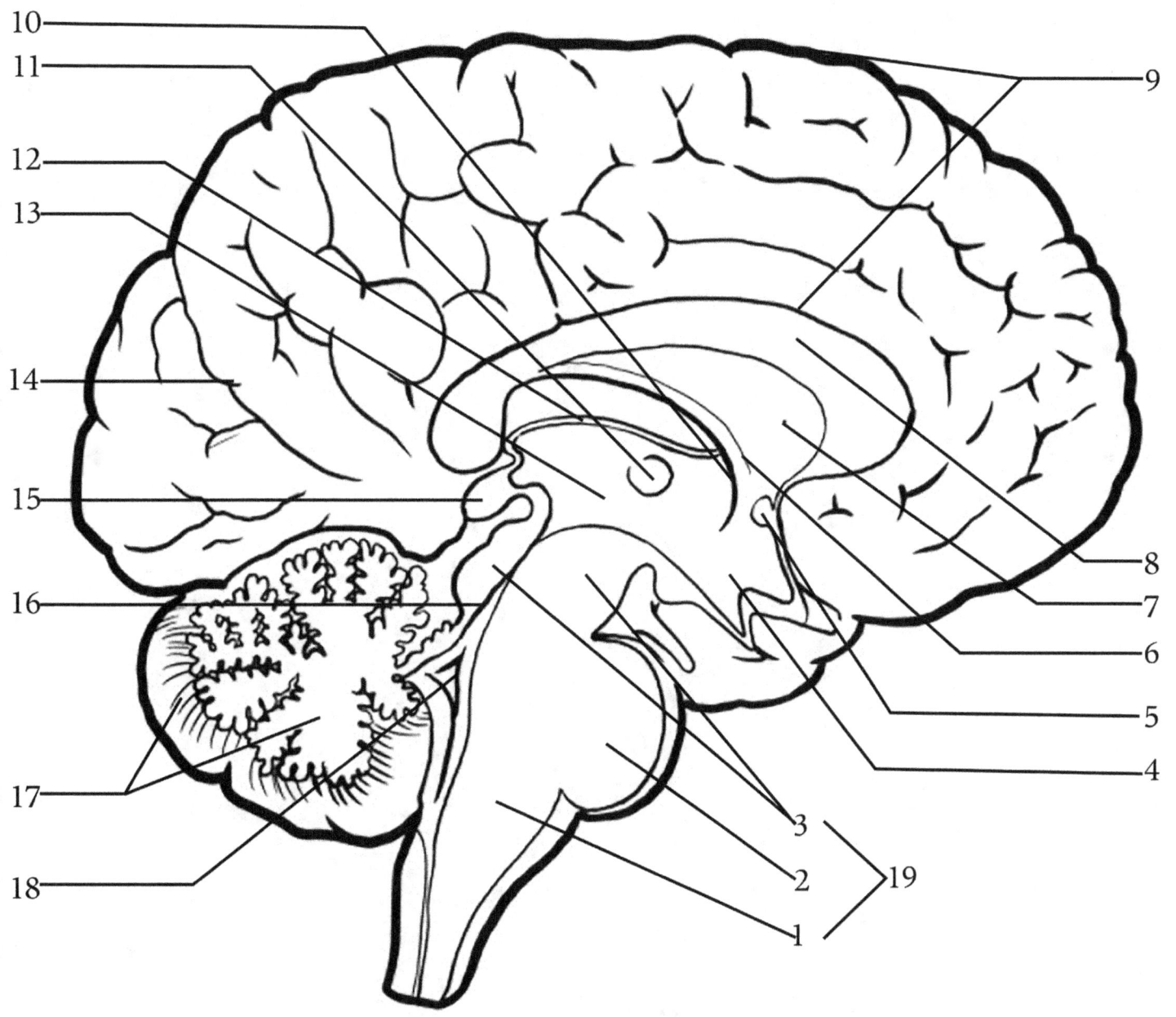

Linke Seite des Gehirns (Mediale Ansicht)

1. Medulla
2. Pons
3. Mittelhirn
4. Hypothalamus
5. Vordere Kommissur
6. Fornix
7. Septum pellucidum
8. Corpus callosum
9. Großhirn
10. Interventrikuläres Foramen
11. Massa intermedia
12. Plexus choroideus
13. Thalamus bildende Wand des 3. Ventrikels
14. Sulcus parietooccipitalis
15. Zirbeldrüsenkörper
16. Zerebrales Aquädukt
17. Kleinhirn
18. 4. Ventrikel
19. Hirnstamm
20. (das fehlende Etikett hinzufügen)

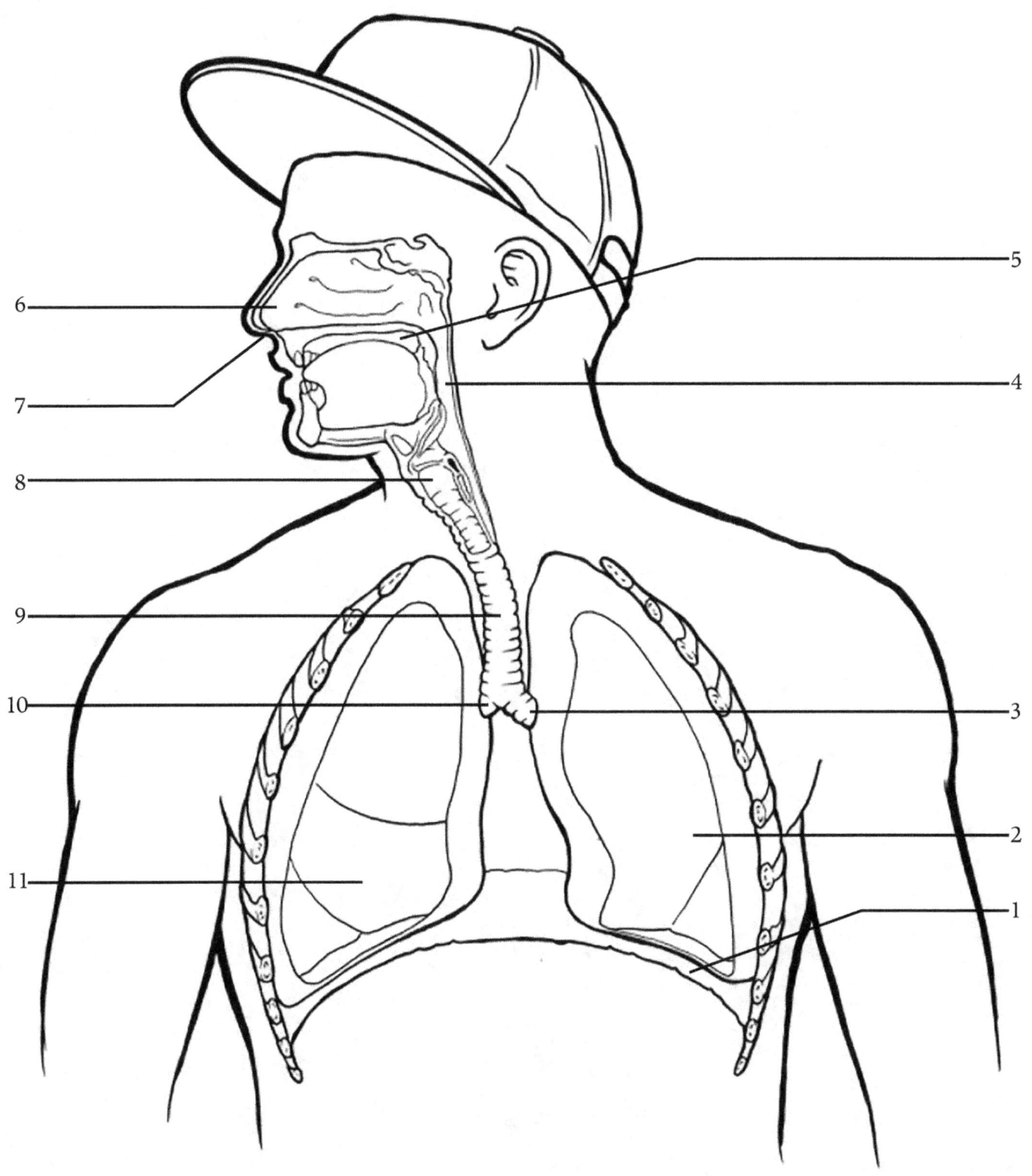

Wichtige Atmungsorgane

1. Membran
2. Linke Lunge
3. Linker Hauptbronchus (primärer Bronchus)
4. Pharynx
5. Mundhöhle
6. Nasenhöhle
7. Nasenloch
8. Kehlkopf
9. Luftröhre
10. Rechter Hauptbronchus (primärer Bronchus)
11. Rechte Lunge

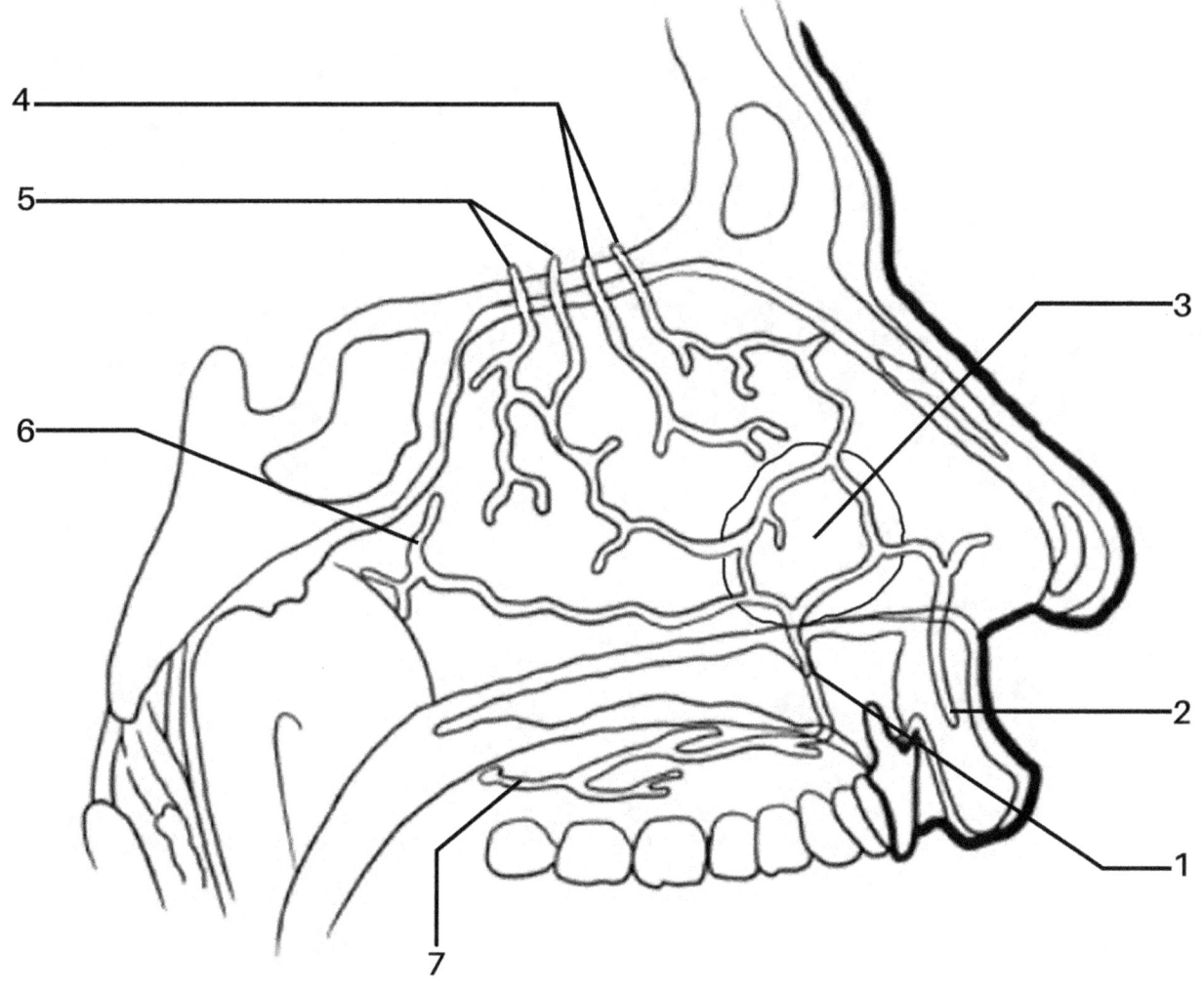

Nasenseptum - Seitenansicht

1. Prägnanter Kanal
2. Septumast des Vorgesetzten Arteria labialis
3. Kiesselbach (orange, reichhaltig in anastomosierenden Arterien)
4. Vordere Siebbeinarterien
5. Hintere Siebbeinarterien
6. Septumast von Arteria sphenopalatine
7. Arteria palatina major

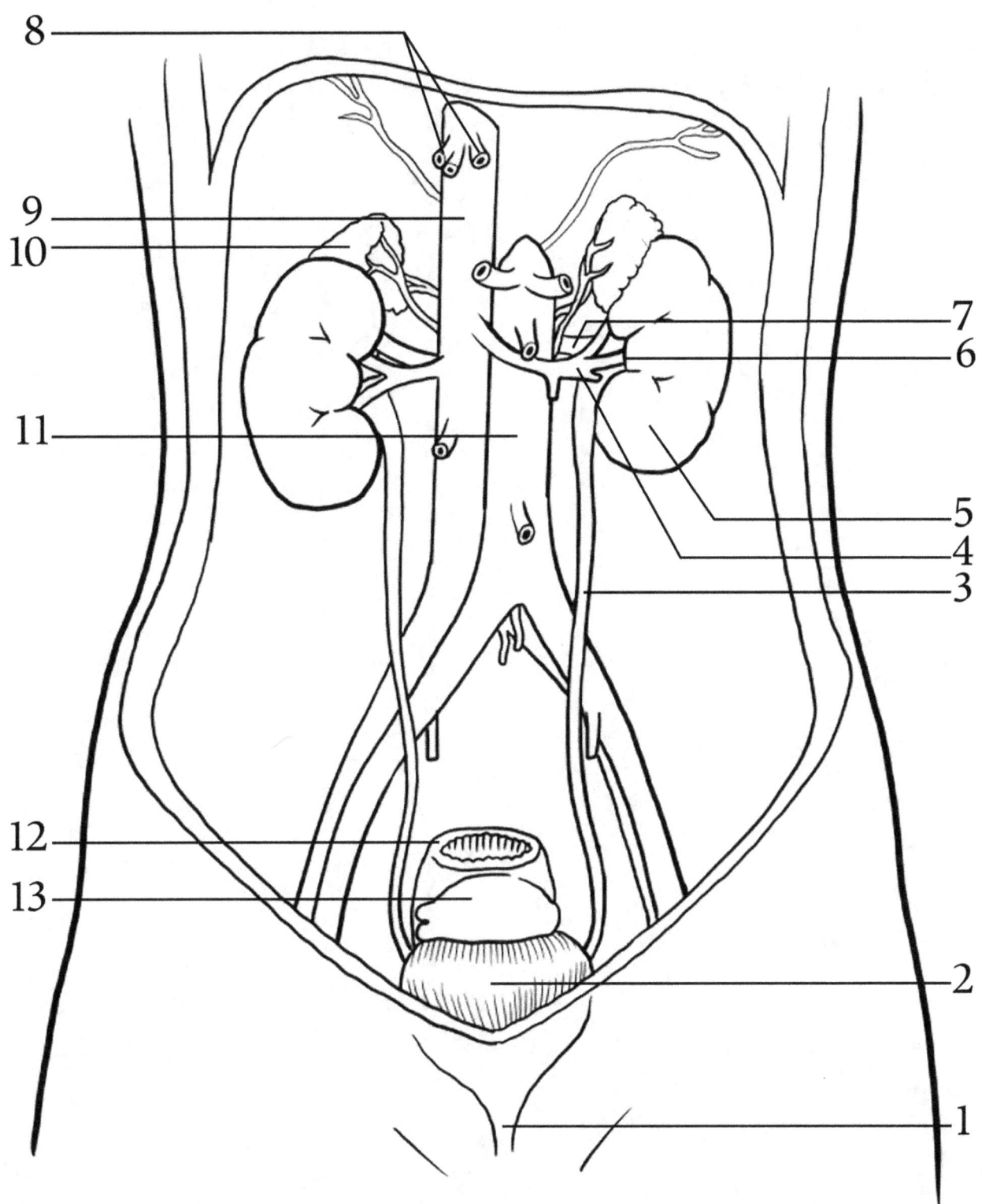

Organe des Harnsystems

1. Harnröhre
2. Harnblase
3. Ureter
4. Nierenvene
5. Niere
6. Nierenhilum
7. Nierenarterie
12. Rektum (Schnitt)
13. Gebärmutter (Teil der Frau Fortpflanzungsapparat)
8. Heptische Venen (Schnitt)
9. Vena cava inferior
10. Nebenniere
11. Aorta

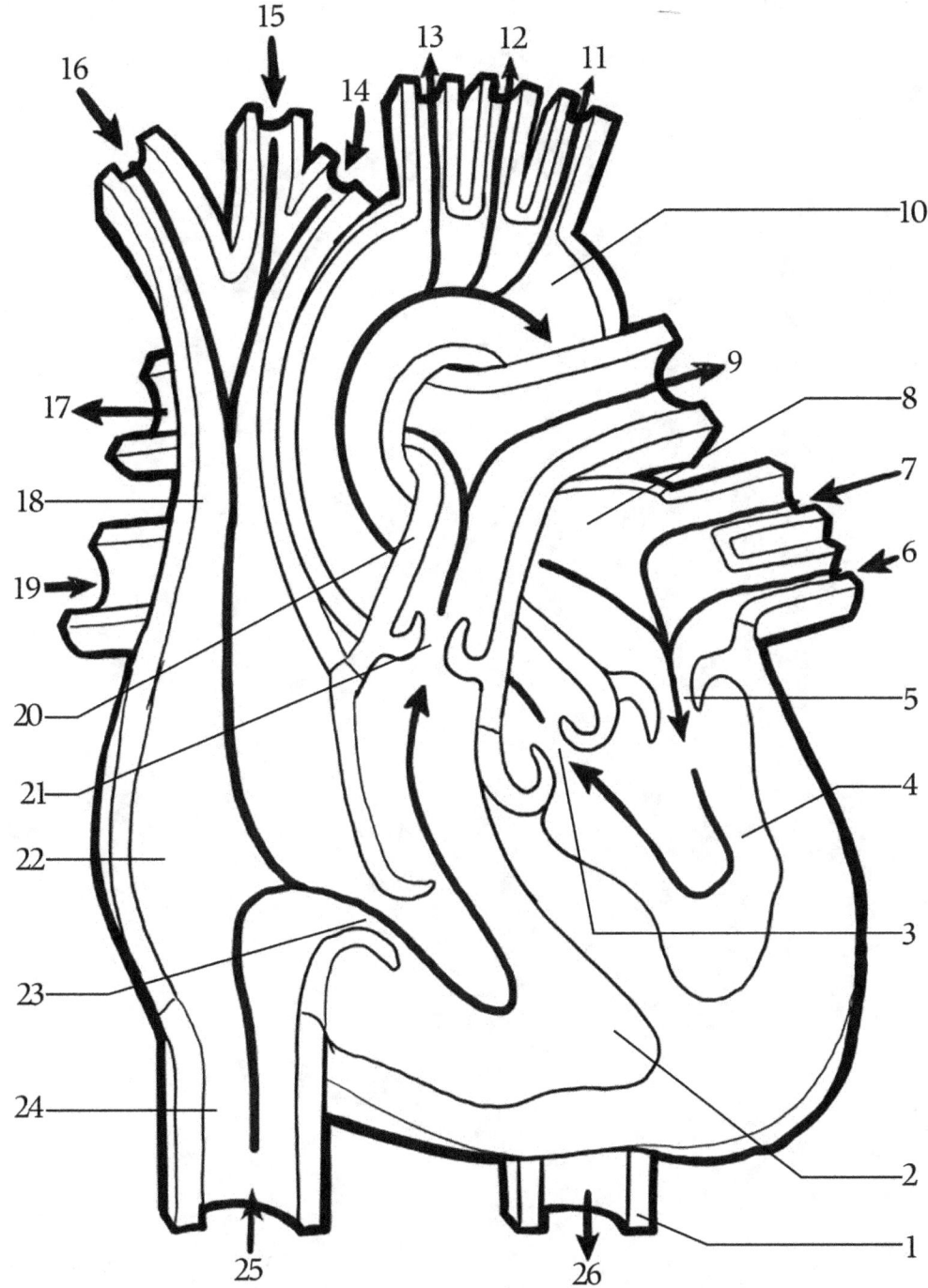

Herzzyklus (Durchblutung des Herzens)

1. Absteigende Aorta
2. Rechter Ventrikel
3. Aortenventil
4. Linker Ventrikel
5. Mitralklappe
6. Von der Lunge über Lungenvenen
7. Linkes Atrium
8. Zur Lunge
9. Aorta
10. Kopf und obere Gliedmaßen
11. Vom Oberkörper
12. SVC
13. Lungenstamm
14. Pulmonalklappe
15. Rechtes Atrium
16. Trikuspidalklappe
17. IVC
18. Vom unteren Rumpf und den Gliedmaßen
19. Rumpf und Gliedmaßen senken

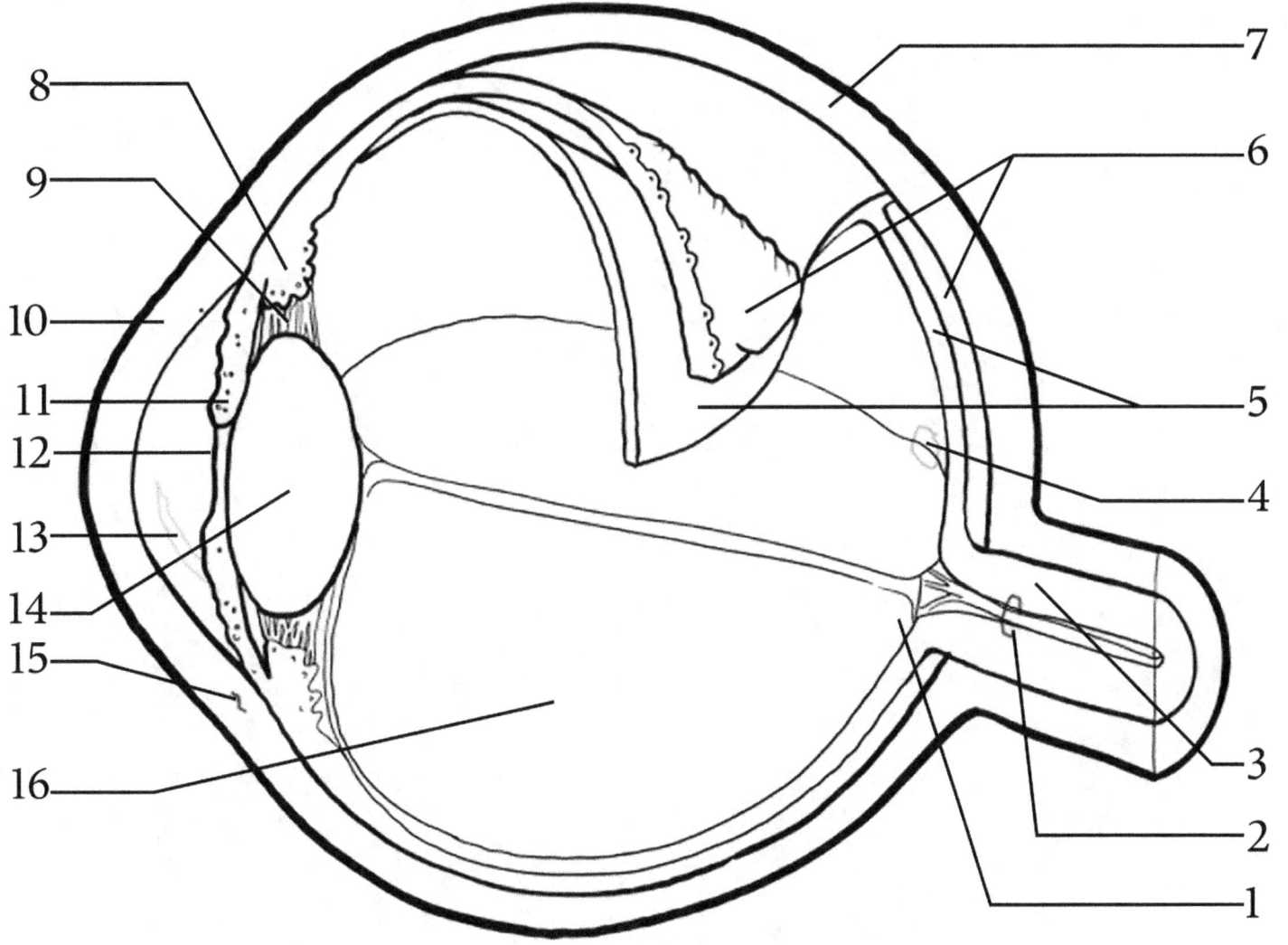

Das Auge

1. Papille (blinder Fleck)
2. Zentralarterie und Vene der Netzhaut
3. Sehnerv
4. Fovea centralis
5. Netzhaut
6. Aderhaut
7. Sklera
8. Ziliarkörper
9. Ziliarzonule
10. Hornhaut
11. Iris
12. Schüler
13. Kammerwasser (im vorderen Segment)
14. Linse
15. Skleraler venöser Sinus (Kanal von Schlemm)
16. Glaskörper (hinten) Segment

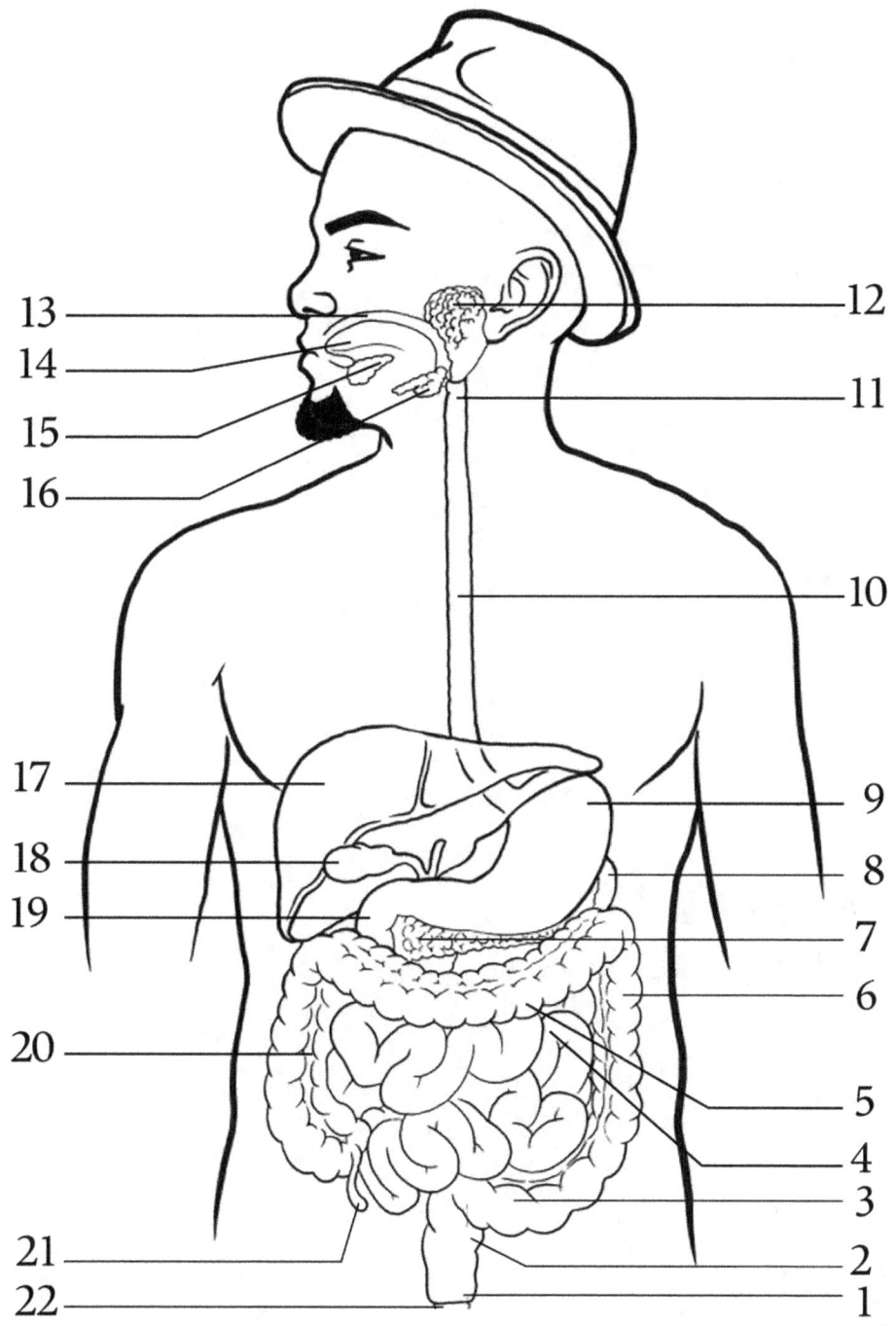

Das menschliche Verdauungssystem

1. Analkanal
2. Rektum
3. Cecum
4. Aufsteigender Doppelpunkt
5. Absteigender Doppelpunkt
6. Querkolon
7. Dickdarm
8. Launisch
9. Bauchspeicheldrüse
10. Magen
11. Pharynx
12. Submandibuläre Drüse
13. Sublingualdrüse
14. Parotis
15. Speicheldrüsen
16. Mund (Mundhöhle)
17. Zunge
18. Speiseröhre
19. Leber
20. Zwölffingerdarm
21. Jejunum
22. Ileum
23. Dünndarm

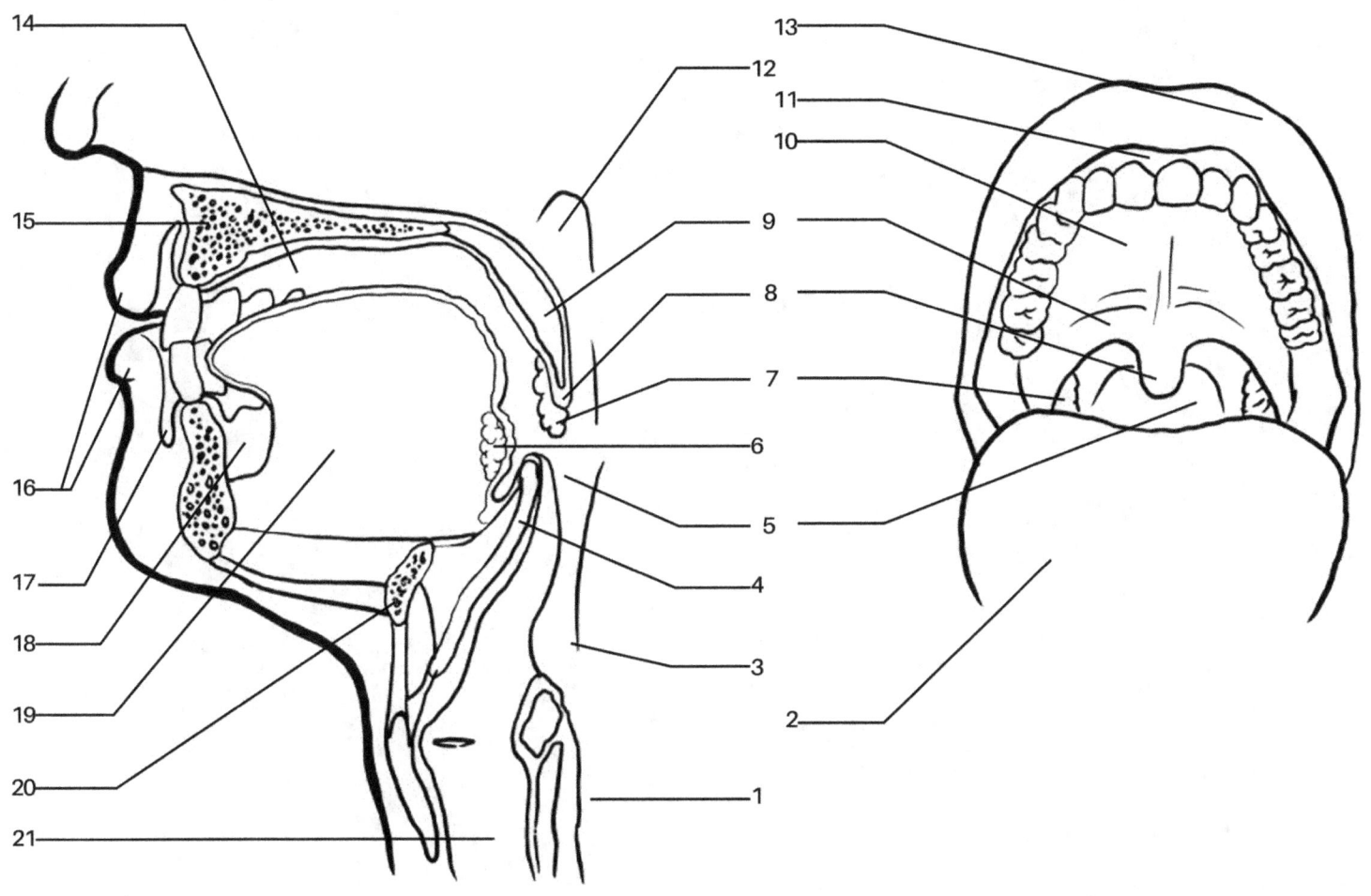

Der Mund - Mundhöhle

1. Speiseröhre
2. Zunge
3. Laryngopharynx
4. Epiglottis
5. Oropharynx
6. Linguale Mandel
7. Pfälzer Mandel
8. Uvula
9. Weicher Gaumen

10. Harter Gaumen
11. Gingives (Zahnfleisch)
7. Pfälzer Mandel
8. Uvula
9. Weicher Gaumen
10. Harter Gaumen
11. Gingives (Zahnfleisch)
12. Nasopharynx
13. Oberlippe

14. Mundhöhle
15. Harter Gaumen
16. Lippen (Libia)
17. Vorraum
18. Lingualfrenulum
19. Zunge
20. Zungenbein
21. Luftröhre

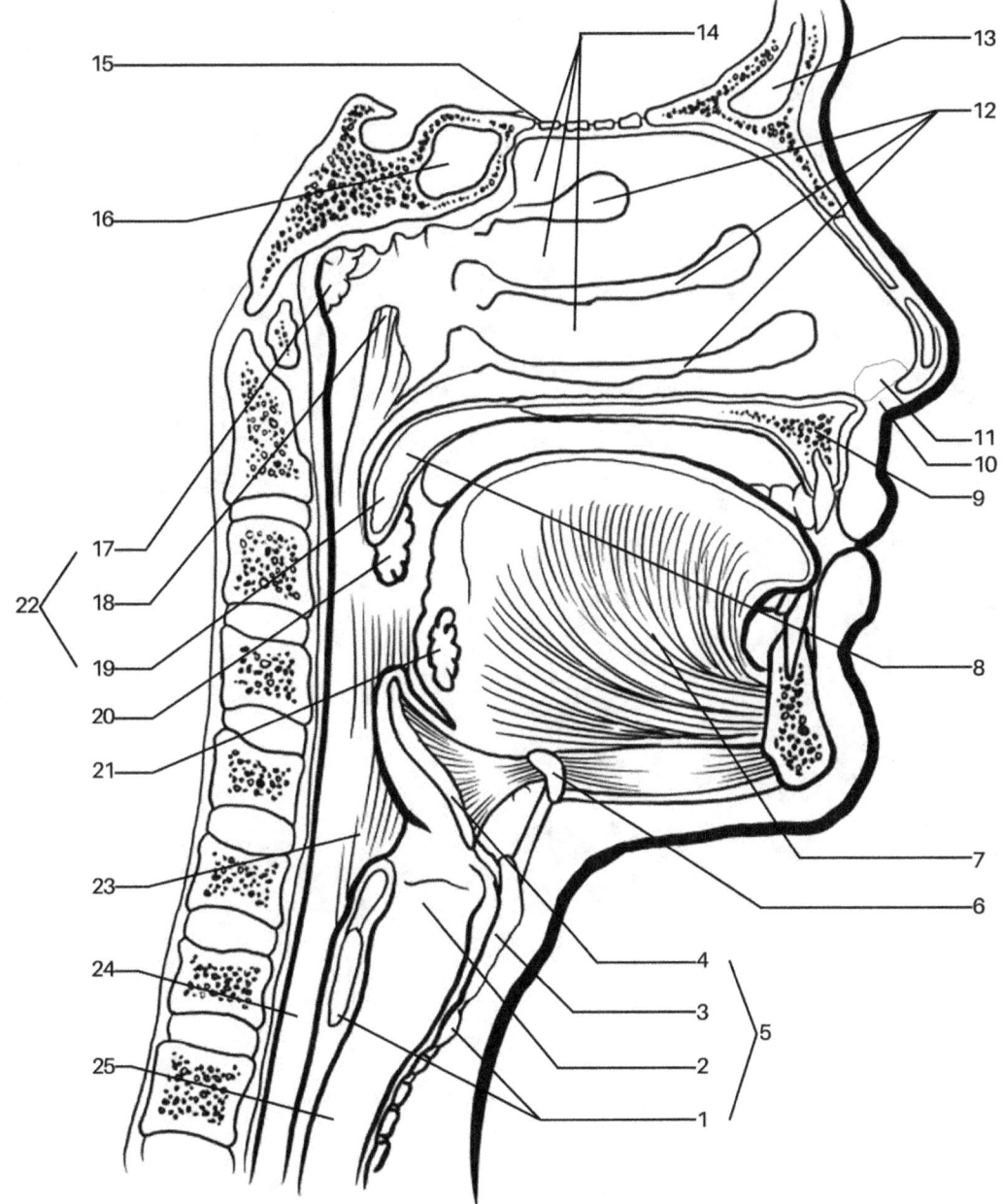

Obere Atemwege

1. Krikoidknorpel
2. Stimmlippe
3. Schildknorpel
4. Epiglottis
5. Kehlkopf
6. Zungenbein
7. Zunge
8. Weicher Gaumen
9. Harter Gaumen
10. Nasenloch
11. Nasenvorraum
12. Nasenfleisch (überlegen, mittel und unterlegen)
13. Stirnhöhle
14. Nasenhöhle: Nasenmuschel (überlegen, mittel und unterlegen)
15. Cribriforme Platte aus Siebbein
16. Keilbeinhöhle
17. Pharyngeal Tonsille
18. Eröffnung von Pharyngotympanus
19. Uvula
20. Oropharynx Gaumenmandel
21. Linguale Mandel
22. Nasopharynx
23. Laryngopharynx
24. Speiseröhre
25. Luftröhre

MEMO: _____ DATE: _____

MEMO: _____ DATE: _____

www.ingramcontent.com/pod-product-compliance
Lightning Source LLC
Chambersburg PA
CBHW060442220526

45465CB00008B/3235